U0337640

国家自然科学基金项目(51604126)资助
江西理工大学清江学术文库

神东矿区中厚偏薄煤层安全高效开采技术

吴 锐 刘 树 刘加旺 冉星仕 著

中国矿业大学出版社
·徐州·

内 容 提 要

随着综采、综放技术在厚及中厚煤层中成功应用，厚及中厚煤层被大量开采，厚煤层、薄煤层开采速度不相适应的矛盾愈来愈突出，薄及中厚偏薄煤层回采产量占总产量的比重更是越来越低。造成上述现象的主要原因是薄及中厚偏薄煤层开采方法选择不恰当，开采生产装备落后，机械化程度低，工作面效率低，经济效益差等。本书以神东矿区唐公沟矿 $4^{-2上}$ 中厚偏薄煤层为研究对象，分析了刨煤机采煤和滚筒采煤机采煤两种开采方法的优缺点；在中厚偏薄煤层安全高效开采的前提下，提出了该煤层的最优开采方法，给出了最优开采方法的初步设计方案。

本书可供从事煤炭生产的研究人员、工程技术人员及高等院校相关专业师生参考使用。

图书在版编目(CIP)数据

神东矿区中厚偏薄煤层安全高效开采技术/吴锐等著.—徐州：中国矿业大学出版社，2021.12

ISBN 978-7-5646-5053-7

Ⅰ.①神… Ⅱ.①吴… Ⅲ.①煤矿开采—研究—陕西 Ⅳ.①TD823.25

中国版本图书馆 CIP 数据核字(2021)第135034号

书　　名　神东矿区中厚偏薄煤层安全高效开采技术

著　　者　吴　锐　刘　树　刘加旺　冉星仕

责任编辑　满建康

出版发行　中国矿业大学出版社有限责任公司

（江苏省徐州市解放南路　邮编 221008）

营销热线　(0516)83884103　83885105

出版服务　(0516)83995789　83884920

网　　址　http://www.cumtp.com　**E-mail**:cumtpvip@cumtp.com

印　　刷　徐州中矿大印发科技有限公司

开　　本　787 mm×1092 mm　1/16　**印张** 11.25　**字数** 221 千字

版次印次　2021 年 12 月第 1 版　2021 年 12 月第 1 次印刷

定　　价　45.00 元

（图书出现印装质量问题，本社负责调换）

前　言

随着综采、综放技术在厚及中厚煤层中成功应用，厚及中厚煤层被大量开采，厚煤层、薄煤层开采速度不相适应的矛盾愈来愈突出，薄及中厚偏薄煤层回采产量占总产量的比重更是越来越低。造成上述现象的主要原因是薄及中厚偏薄煤层开采方法选择不恰当，开采生产装备落后，机械化程度低，工作面效率低，经济效益差等。在煤层厚度分类中，地下开采时厚度 1.3～3.5 m 的煤层为中厚煤层，因此本书将厚度为 1.3～2.0 m 的煤层称为中厚偏薄煤层。本书以神东矿区唐公沟矿 $4^{-2上}$ 中厚偏薄煤层为研究对象，分析了刨煤机采煤和滚筒采煤机采煤两种开采方法的优缺点；在中厚偏薄煤层安全高效开采的前提下，提出了该煤层的最优开采方法，同时给出了最优开采方法的初步设计方案。

本书的研究结论如下：

(1) 通过对 $4^{-2上}$ 煤层可刨性分析和滚筒采煤机的适应性分析，得出适合该煤层的两种开采方法。$4^{-2上}$ 煤层厚度为 0.85～3.65 m，平均可采厚度为1.7 m，对于局部煤层厚度有变化的区域应根据煤层厚度采取不同的开采方法。在井田中部和南部 1.7 m 及以下煤层中推荐使用刨煤机进行开采；在井田北部 1.7 m 以上的煤层中推荐使用采煤机进行开采。

(2) 采完 3^{-2} 煤层，接着开采 5^{-1} 煤层，最后开采 $4^{-2上}$ 煤层，由于 3^{-2} 煤层和 5^{-1} 煤层的采动影响，$4^{-2上}$ 煤层顶底板裂隙发育程度高，其在开采过程中，初次来压和周期来压步距都很小。开采 5^{-1} 煤层后，$4^{-2上}$ 煤层整体弯曲变形，并且处于裂隙较为发育的区域，导致开采难度增加，上行开采是不可行的。

(3) 3^{-2} 煤层与 $4^{-2上}$ 煤层相距 7.49～21.85 m，间距大于 6 m，所以 $4^{-2上}$ 煤层的煤巷掘进引起 3^{-2} 煤层采空区煤柱失稳，而顶板大面积垮落对底板的冲击载荷不会对煤巷造成巨大冲击影响，不会击穿巷道。$4^{-2上}$ 煤层煤巷位于采空区及小煤柱下方时，采用 5 根锚杆＋3 根锚索支护顶板可以有效地控制巷道围岩的变形破坏；但在大煤柱下方时，由于应力集中较严重，需要对巷道两帮施工 3 根锚杆加以支护。

(4) 选择德国 DBT 公司生产的 GH9-38Ve/5.7 型刨煤机。刨煤机运行速度快，刨煤速度为 1.76 m/s，刨深为 0.11 m，在平均开采厚度为 1.7 m 的中厚偏薄煤层中，日产量不低于3 000 t，年生产能力能够达到100万t。

(5) 通过RFPA^{2D}数值模拟得出，$4^{-2上}$煤层开采时留设16 m宽的区段煤柱，既能确保在$4^{-2上}$煤层开采期间区段煤柱不破坏，又能使煤柱两侧上覆岩层产生的裂隙不贯通。

(6) 采用刨煤机进行开采时，设备投资约8 000万元，年产量可以达到100万t，能够实现工作面自动化和无人化，安全性比较高，人工工效能够达到100 t/工以上；采用滚筒采煤机进行开采时，设备投资费用低，年产量可以达到120万t。

(7) 通过经济和技术比较，刨煤机开采方案在技术方面明显优于采煤机开采方案，但在经济方面，采煤机开采方案优于刨煤机开采方案。

本书的研究得到了国家自然科学基金项目“沿充填体掘巷高支承压力下底板应力演化及其变形机制”(51604126)的资助。

由于作者水平和时间所限，书中难免存在不足之处，敬请读者批评指正。

著　者

2021年6月

目　录

1 绪 论

1.1 研究背景和意义

中国是世界上煤炭资源最丰富的国家之一，但是我国煤层赋存条件多样，煤炭资源地理分布也不平衡。我国薄及中厚偏薄煤层分布广泛，全国重点煤炭生产单位中有 80 个集团公司 445 处矿井都赋存有薄及中厚偏薄煤层。在煤层厚度分类中，地下开采时厚度 1.3～3.5 m 的煤层为中厚煤层，因此本书将厚度为 1.3～2.0 m 的煤层称为中厚偏薄煤层。薄及中厚偏薄煤层可采储量约 61.5 亿 t，约占煤炭总可采储量的 19%。近年来，随着综采、综放技术在厚及中厚煤层中成功应用，厚及中厚煤层被大量开采，厚煤层、薄煤层开采速度不相适应的矛盾愈来愈突出，薄及中厚偏薄煤层回采产量占总产量的比重更是越来越低。造成上述现象的主要原因是薄及中厚偏薄煤层开采方法选择不恰当，开采生产装备落后，机械化程度低，工作面效率低，经济效益差等。随着厚及中厚煤层的大量开采，中厚偏薄煤层和薄煤层的开采受到极大关注。中厚偏薄煤层和薄煤层的采煤设备主要有刨煤机、滚筒采煤机、钻采设备等，采煤方法主要有长壁开采法、房柱式采煤法、螺旋钻采煤法等。

神东矿区是我国重要的产煤基地，自 20 世纪 90 年代以来，在中厚煤层综放开采方面取得了重大突破，工作面年产达到 500 万 t，甚至可以达到 1 000 万 t 以上，处于国内领先地位。与中厚以上煤层开采相比，中厚偏薄煤层开采却是神东煤炭集团公司煤层开采的较薄弱环节。神东煤炭集团公司唐公沟矿的 $4^{-2上}$ 煤层属于中厚偏薄煤层，煤厚为 0.85～3.65 m，平均可采厚度为 1.7 m。从煤层厚度来看，正好处于刨煤机和采煤机适用厚度的临界点上，不能直接确定采煤设备和采煤方法，必须通过开采方法优缺点和技术经济比较才能确定。同时，$4^{-2上}$ 煤层之上的 3^{-2} 煤层的开采也会对开采方法的选择有一定的影响。

本书以神东矿区唐公沟矿 $4^{-2上}$ 煤层为研究对象，研究了中厚偏薄煤层的开采技术，同时对刨煤机采煤和滚筒采煤机采煤两种开采方法优缺点进行了分析，进一步比较了采用特定开采方法时的经济效益和社会效益。在中厚偏薄煤层安全高效开采的前提下，研究和分析了煤厚、煤层硬度、顶底板条件、地质构造、煤层倾角以及瓦斯和水涌出量等因素对采煤方法选择的影响。以唐公沟矿 $4^{-2上}$ 煤层的实际地质条件为研究基础，提出了该煤层的最优开采方法，同时给出了最优开采方法的初步设计方案。合理的开采方法对实现矿井安全高效开采，充分利用煤炭资源，实现矿井的可持续发展具有重要意义。

1.2 国内外研究现状

1.2.1 刨煤机开采现状

刨煤机是一种适合薄煤层、高瓦斯工作面中落煤、装煤的采煤机械。与滚筒采煤机相比，刨煤机具有以下优点：① 结构简单，没有采煤机复杂的牵引部分和液压系统，使用维修方便，易于掌握管理；② 实现落煤、装煤和运煤的综合机械化；③ 操作方便，可实现工作面无人开采，在巷道进行遥控采煤；④ 随时刨煤，随时推进，实现连续采煤，提高时间利用率；⑤ 块煤率高。

刨煤机的发展过程可以分为 3 个阶段：① 初级刨煤机；② 20 世纪 50—60 年代，发展了拖钩刨煤机；③ 20 世纪 70—80 年代，发展了滑行刨煤机，1992 年滑行刨煤机工作面数量已占刨煤机工作面的 78%。

近年来，国外刨煤机技术有了较大的发展。德国、波兰等国家在这方面做了大量的工作。从目前的发展水平来看，德国已成为世界上刨煤机研制水平最高的国家。

（1）工作面向自动化和无人化方向发展

随着计算机技术在煤矿的广泛应用，传感技术、自动监测与在线控制技术、遥控和集中控制技术等都得到了快速发展。为了实现全自动化刨煤机长壁开采，与液压支架配套使用的刨煤机不再采用传统的定压推进方式，而是采用定量推进方式，以保证固定的刨深。推进缸的推进量和推进速度均由支架上的电液控制单元进行控制，即使煤层硬度发生变化，如遇夹矸或极坚硬的煤，正常的推进量也不会受到影响。当支架的推移缸行程小于下一行程的刨深时，支架在控制单元的控制下能自动降架前移。工作面平直度的控制和显示，则可使刨煤机工作面保持平直。而推进速度显示、刨头自动调高系统等的采用，使得操作人员通过计算机屏幕对刨煤机工作面的情况一目了然，并且能随时根据需要进行调整。目前，国外全自动刨煤机工作面最高日产原煤已达万吨以上，全自动刨煤机生产系统与传统的刨煤机生产系统相比，开机率提高到 70%以上，产量增加约 60%。

(2) 刨煤功率朝大功率的方向发展

目前,德国DBT公司研制的刨煤机的刨煤功率一般可达2×315 kW和2×400 kW,新型的GH42型滑行刨煤机的刨煤功率达到了2×800 kW,可在400 m长的工作面开采硬煤。刨煤机刨头的质量也在增加,由原来的2 t增加至5~6 t,最大的可达9 t。功率的提高促进了刨速的提高,目前,德国刨煤机基本上采用快速刨,刨头速度可达2.25~2.4 m/s,甚至达到3 m/s。刨链的直径相应也在增大,由38 mm增大到42 mm。发展大功率刨煤机是出于经济性和适应性方面考虑的。大功率和高刨速能够使刨煤机在单位时间内获得更高的产量,同时也使刨煤机能适应更厚、更硬煤层开采的需要,从而进一步拓宽了刨煤机的使用范围。

为了提高刨煤机的起动性能和工作可靠性,使刨头在刨煤的过程中刨削力的分布更加合理,迄今德国已有70%的刨煤机配置了供电电压为1 000 V等级、功率为400 kW的变频电机,使刨煤机的刨速能在更大的范围内变化,而这种大功率的交流变频调速装置对电气控制技术也提出了更高的要求。采用变频调速系统的刨煤机主要的优点为:

① 能够实现刨煤机的软起动和带载起动;

② 能够实现机头和机尾电机的功率平衡;

③ 减小刨煤机起动和运行中对电网的冲击(在大功率的情况下,这一点尤为重要)。

目前,德国还在研制适用于更大功率(800 kW)和更高电压(3.3 kV和4 kV)供电的变频调速系统。

(3) 重视各种保护装置的研制

近年来,德国在刨煤机过载保护方面下了不少功夫,并且取得了长足的进步。传统的剪切销保护装置更换不便,费时、费力、费材料,而且影响刨煤机的开机率,现在已经被淘汰,代之以对刨煤机正常工作影响很小的摩擦式过载保护系统和电液控制过载保护系统。这些过载保护系统的基本思路是类似的,即刨煤机一旦发生过载,能使扭矩保持在一定的水平,以保护链条和传动部的其他受力部件;而过载现象一旦消除,又迅速恢复到正常运行状态。这些过载保护装置具有很高的可靠性和适用性,其中的传感元件能够有效地保证系统具有较长的使用寿命。

刨煤机对工作面要求是定量推进、锯齿型移架、全自动化无人操作。锯齿型布置根据刨头位置和自身推移传感器行程来决定是否移架,根据立柱压力和推移行程传感器自动控制支架的降、移、升动作,可联动平衡、侧护,可实现平衡差动、侧护板抬底等功能。其优点如下:刨煤机刨煤和装煤效率高,可随时推进实现连续采煤，自动控制参数设定后，无须操作人员干预。在 1 m 厚的煤层中，产量已经达到 1 500 t/h。实现自动化和远程控制的刨煤机不仅能达到高产，而且也能最大限度地保证人身安全。由于刨深小，刨头运行速度快，产生的粉尘和瓦斯少，有利于安全。据测算，当刨速为 0.42 m/s 时切削产生的粉尘浓度只有 20 mg/m^3，而炮采时产生的粉尘浓度则为 100 mg/m^3，滚筒采煤机割煤产生的粉尘浓度为 600～900 mg/m^3，同时大幅度减少了瓦斯积聚，改善了工作面的条件。

由于刨煤机是切削落煤，出块率高，且其结构简单，使用维护方便，易掌握，刨头无动力，工作面不需随机铺设电缆水管等，管理方便。刨煤机采用浅截深多循环的方式，静力落煤，对顶板的振动小，一次暴露的顶板面积小，有利于顶板的管理，人员在工作面采空区侧作业，不用担心片帮；牵引刨链是封闭的，有利于安全生产。

但刨煤机与滚筒采煤机相比有如下缺点：对地质条件的适应性不如滚筒采煤机强，刨头的高度不能随时调整，遇顶底板起伏要留顶或留底，遇煤黏顶液压支架推移困难；刨头不能随时大量抬高挖底量，遇底板起伏不平，会造成“飘刀”或“啃底”，影响产量。由于刨煤机是静力落煤，遇煤层夹矸或煤质太硬（坚固性系数 $f \geqslant 4$），生产率降低；其铸件单一化且形状复杂精度较高，刨头制造成本高，自动化程度高，要求操作人员具备较高的技术水平。

刨煤方式是根据煤层的硬度（煤层的可刨性）、刨深、工作面采高等因素来确定的，反映在刨头运行速度（刨速）和输送机链速之间的关系上。刨煤机通常采用两种刨煤方式，即超载方式和混合方式。刨煤机工作面支架布置形式见图 1-1。

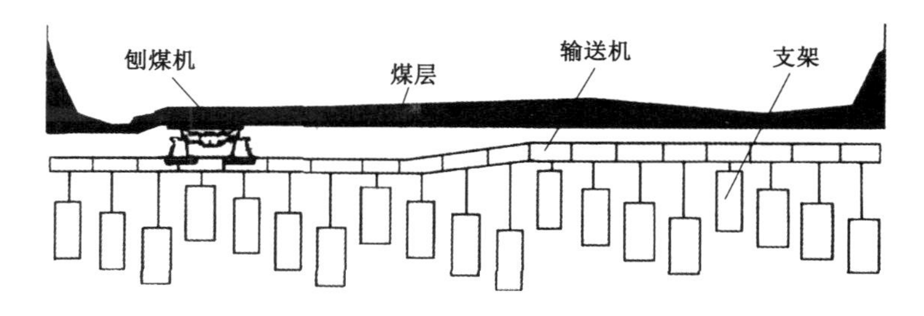

图 1-1　刨煤机工作面支架布置形式

2001 年，我国从德国 DBT 公司引进全自动化刨煤机的核心技术，并与国产设备成功配套，形成了中国模式的全自动化刨煤机系统。目前，中国已经有多套全自动化无人工作面刨煤机系统在使用。

1.2.2 中厚偏薄煤层滚筒采煤机开采现状

中厚偏薄煤层滚筒采煤机的发展趋势有下列两点：一是采用大功率电机或多电机以增大总装机容量。采煤机功率的增大，有利于提高采煤机的机械安全裕度和增大其适应范围，从而提高其效能。国外中厚偏薄煤层采煤机的最大总装机功率已超过 500 kW，我国的 MG344-PWD 型采煤机装机功率也已达到 344 kW。二是牵引方式从以前的有链牵引发展为无链牵引和电牵引，这样可以增强采煤机对工作面弯曲和起伏的适应性，提高采煤机工作可靠性。

1985 年我国引进苏联 K103 型电磁调速牵引采煤机 10 台(5 台为薄煤层综采设备)，在徐州、开滦、鸡西、双鸭山、七台河等矿区使用。后由辽源煤矿机械厂研制生产，虽然最后成套设备试验未获预期效果，但这种电磁调速技术后来在国内研制的经济型综采和高档普采采煤机上获得广泛应用。薄煤层滚筒采煤机在我国研制已有 30 年历史，我国开发出多种机型，从液压驱动、钢丝绳或链牵引发展到目前电牵引采煤机。现在国产薄煤层滚筒采煤机基本可以满足煤层厚度 0.8～1.8 m、煤质中硬以下的缓倾斜薄煤层开采需求。与刨煤机相比，滚筒采煤机的主要特点如下：

① 适应于煤层厚度变化较大的工作面。

② 对煤层顶底板起伏变化适应性强。

③ 适用于含有夹矸煤层的回采。

④ 过断层能力强。

⑤ 对工作面长度要求比刨煤机工作面短。

薄煤层滚筒采煤机与中厚煤层采煤机相比，其工作空间小，运输、维修困难。因此，要求薄煤层滚筒采煤机的可靠性高，事故率低，以便提高生产效率。为适应薄煤层安全高效的需求，薄煤层滚筒采煤机应满足以下基本要求：

① 考虑支架顶梁厚度、顶板下沉，采煤机最小采高应比机面高度大 150 mm。机身长度要短，以适应煤层的起伏。

② 为提高采煤机的可靠性并增大其适用范围，新一代薄煤层滚筒采煤机的总装机功率不应小于 400 kW，每个滚筒的截割功率不小于 150～200 kW。

③ 厚煤层采煤机滚筒转速向高转速方向发展，滚筒最低转速已达 25 r/min。但对于薄煤层采煤机应权衡装煤效果与截割扭矩两者之间的关系。滚筒直径较小，装煤效果差，从改善装煤效果的角度考虑，转速应适当高些，根据经验，薄煤层采煤机滚筒截齿线速度取 3 m/s 左右为宜，小滚筒截齿的线速度可适当高一些。例如 1.0 m 直径的滚筒截齿线速度按 3.5 m/s 考虑，设计的滚筒转速应为 66.85 r/min。

④ 牵引力取决于采煤机的截割功率、采煤机的质量、行走阻力和回采煤层倾角等因素。薄煤层采煤机装机功率在 200 kW 以下，采用单牵引时，牵引力可按 200 kN 考虑；采用多电机联合驱动，装机功率在 300 kW 以上，双牵引时，牵引力可按 300～400 kN 考虑。

⑤ 采煤机常用截深为 0.63 m 及 0.8 m。薄煤层滚筒采煤机为了提高生产效率，目前最大的截深已达 1.0 m。受作业空间的限制，薄煤层工作面采煤机的牵引速度不可能很高，常用牵引速度为 2～4 m/min，最大牵引速度可按 6 m/min考虑。当遥控采煤机与电液控制的支架配套使用时，工人无须跟机作业，工作面内的所有作业为远程控制自动化作业，可以大大提高采煤机的开采和牵引速度，牵引速度可达 10～15 m/min，最大牵引速度可达 20 m/min。

⑥ 可双向采煤，自开缺口。

⑦ 故障少，可靠性高，检修维护方便。

⑧ 过煤空间大，要求机身下面过煤空间不小于 250 mm，以保证煤流能顺利通过。

薄煤层滚筒采煤机基本可分为骑溜式和爬底板式两种。前者具有结构简单、牵引阻力低及空顶面积小等特点，但因采煤机骑溜运行，故通过空间和过顶空间大，需要有较高的空间。后者具有结构紧凑、机械强度高、滚筒拆卸方便、装煤效果好、易于制造和维修方便等特点，但因采煤机爬底板运行，故控顶距离较大。当采高在 0.85 m 以下时宜采用爬底板式采煤机；当采高在 0.85 m 以上时，宜采用骑溜式采煤机。为实现无切口采煤，最好选用短机身双滚筒采煤机。鉴于采煤机司机跟机操作不方便，最好采用具有遥控功能的采煤机。

现代滚筒采煤机均为可调高摇臂滚筒采煤机，其发展为从有链到无链，由机械牵引到液压牵引再到电牵引，由单机纵向布置驱动到多机横向布置驱动，由单滚筒到双滚筒，且向大功率、遥控、遥测、智能化发展；其性能日臻完善，生产率和可靠性进一步提高，工况自动监测、故障诊断以及计算机数据处理和数显等先进的监控技术已在采煤机上得到应用。

我国薄煤层采煤机的研究始于 20 世纪 60 年代，这类滚筒采煤机主要有 MLQ 系列采煤机，如 MLQ-64、MLQ-80、MLQ3-100 型采煤机，在小型煤矿使用较多，平均年产量为 8 万～14 万 t。

20 世纪 70—80 年代初期，我国自行研制开发了中小功率薄煤层滚筒采煤机，比较典型的有 ZB2-100 型骑输送机单滚筒采煤机、BM 系列骑输送机滚筒采煤机。ZB2-100 型采煤机仅在淄博矿区使用，平均年产量为 10 万 t 左右，BM 系列采煤机在我国多个矿区均有使用，是薄煤层开采的主力机型之一。20 世纪 80—90 年代，为了满足开采较硬薄煤层的需要和提高薄煤层滚筒采煤机的可靠性，我国研制了新一代的薄煤层滚筒采煤机，主要有 MG150B 型采煤机、MG200-B 型采煤机、MG344-PWD 型强力爬底板式采煤机以及 MG375-AW 型采煤机。

进入 20 世纪 90 年代以来，为了满足厚薄煤层并存、薄煤层作为保护层开采矿井的迫切需要，并结合当时中厚煤层滚筒采煤机技术，我国研制了新一代 MG200/450-BWD 型薄煤层采煤机，采用骑输送机布置方式，可用于采高为 1.0～1.7 m 的薄煤层综合机械化采煤工作面。

大同晋华宫矿综采三队 2003 年使用国产 MG200/450-WD 型薄煤层滚筒采煤机，最高日产量为 6 766 t，最高月产量为160 309 t，年产量为 101 万 t，创国产薄煤层同类型设备产量新纪录。

1.2.3 国内刨煤机和中厚偏薄煤层滚筒采煤机使用情况

刨煤机使用情况简介如下：

(1) 铁法小青矿 W1E701 工作面

煤厚 1.1～1.7 m，平均 1.5 m，倾角 2°～6°，f=2～3，平均日产 5 800 t，年产达到 120 万～150 万 t。

(2) 铁法晓南矿 W3409 工作面

平均煤厚 1.7 m，倾角 3°～10°，f=2～3，月产量达到 14 万 t，年产量达到 150 万 t。该工作面工效高达 140.1 t/工，明显高于国内薄煤层工作面工效，接近世界先进水平。该刨煤机工作面较采煤机工作面创效 1 200 万元。

(3) 西山马兰矿 10508 工作面

煤厚 1.2～1.4 m，平均 1.25 m，属于近水平煤层。使用全自动刨煤机后，人员可减少 75 人。全自动刨煤机工作面产量能达到 250 万 t/a，按高档普采工作面 40 万 t/a 来算，提升 210 万 t/a，大大提高了矿井经济效益。

(4) 大同晋华宫矿 8118 工作面

煤厚 1.12～1.50 m，平均 1.3 m，倾角 3°～12°，平均 7°。日产量 3 000 t 以上，最高达到 6 815 t，年产量达到 100 万 t。

(5) 晋城凤凰山矿 9 煤

煤厚 0.8～1.7 m，平均 1.5 m，f=2～3。日产量平均 4 000 t 以上，最高达到 11 650 t，月产量达 15 万 t，年产量 120 万 t。

分析以上调研情况可知，全自动刨煤机系统是中厚偏薄煤层达到安全高效的有效途径之一。以上安全高效中厚偏薄煤层工作面均是国内刨煤机开采的模范工作面，年产量均达到 100 万 t 以上，高的甚至达到 250 万 t，这在以往中厚偏薄煤层工作面开采当中是不可想象的，如今该技术能成功应用，为国内中厚偏薄煤层开采提供了先进的实践经验。而唐公沟矿 $4^{-2上}$ 煤与之情况相似，平均煤层可采厚度为 1.7 m，煤层倾角为 1°～3°，煤层赋存稳定，从煤层地质条件来说优势明显，能够实现刨煤机工作面的安全高效。同时，唐公沟矿 $4^{-2上}$ 煤层为近水平煤层，井田内无较大断层和褶皱等地质构造，工作面搬家次数少，有利于实现工作面的连续推进，为矿井安全高效奠定基础。再次，唐公沟矿初步确定引进德国 DBT 公司的刨煤机、输送机及计算机远程控制等先进核心技术，其余配套设备由国内各生产厂家协助制造，实现中厚偏薄煤层工作面的安全高效。在此，可以预测，唐公沟矿 $4^{-2上}$ 煤层采用全自动刨煤机系统进行生产，年产量能够达到 100 万 t，甚至达到更高水平，并且能够实现良好的经济效益。

滚筒采煤机使用情况简介如下：

(1) 七台河新强矿 45031 工作面

煤厚 1.2～1.7 m，平均 1.5 m，f=1.25，倾角 5°～10°，月产量达到 1 万 t，比炮采时翻一番，在安全和技术方面也有一定的提升。

(2) 平顶山天安煤业股份有限公司四矿 15-23070 工作面

煤厚 1.1～1.85 m，平均 1.5 m，f=0.65～0.85，属于松软煤层，倾角 8°～11°。月产量达到 7 万 t，是高档普采的 5 倍左右，其年产量高达 80 万 t 左右。基本上杜绝了顶板事故，工程质量和文明生产都明显提高。

(3) 冀中能源股份公司显德汪矿 1710 工作面

煤厚 0.5～1.96 m，平均 1.5 m，倾角 12°。在进行一次搬家倒面的情况下，2002 年 1 月—2002 年 11 月，共生产原煤 400 601 t(年产可达 50 万 t)，并创造出日产 4 395 t，月产 91 672 t 的好成绩。

(4) 开滦(集团)有限责任公司东欢坨矿 2018 工作面

煤厚 1.0～2.0 m，平均 1.65 m，倾角平均 22°。工作面小型断层较多，达到 37 条。月产量 3 万 t，年产量达到 30 万 t。

(5) 济宁二号煤矿 $3_{上}$ 煤层工作面

煤厚 1.2～1.7 m，平均 1.44 m。煤层结构复杂，煤层倾角为 2°～10°，煤层坚固性系数 f 为 2.1，为软至中等硬度煤层。济宁二号煤矿类似煤层条件下工作面常规开采平均产量 5 万 t，而使用滚筒采煤机平均月产量达到 10 万 t，年产量达到 120 万 t 的水平。原煤产量大幅提高，每年可净增利润 6 633 万元，具有较高的投资回报率。

分析以上调研情况可知，综合机械化开采是提高薄煤层单产的有效途径。应用滚筒采煤机开采薄煤层，相比炮采工作面和高档普采工作面，产量和技术经济指标均有较大程度的提升。并且滚筒采煤机对煤层地质条件适应性较好，对顶底板条件要求不高，比刨煤机开采系统适应性好。但是滚筒采煤机产量和连续推进长度均不及刨煤机开采系统，这是不足之处。结合唐公沟矿的地质情况，倾角较小，属于近水平煤层，煤质中硬，井田内无较大断层和褶皱，条件优于以上工作面。若采用滚筒采煤机系统，年产量能够达到 120 万 t，可以实现矿井安全高效，并取得良好的经济效益。

1.2.4 上行开采可行性

国内外矿床地下开采的矿山一般采用自上而下即下行阶段开采顺序，这种阶段开采顺序有很多优点：矿山建设初期开拓工程量小，初期基建投资少，投产早等。但是目前有关专家同样提出研究和应用上行阶段开采顺序，上行阶段开采顺序已成为矿床地下开采顺序的新方向。

上行开采时，由于下层煤已经回采完毕，下层煤的上覆岩层必然产生变化，这时可能会对上层煤层顶底板造成一定的影响，甚至煤层的结构也可能产生一定的变化。这均取决于下层煤层顶板垮落的特性以及两层煤层的间距及其间的岩性。

当两层煤层间距达到一定厚度，同时其间岩性的强度满足一定的条件时，下层煤层开采后可能对上层煤层的开采影响不大。但蹬空开采时可能产生其他不利的矿压显现，如工作面底板出现台阶下沉，工作面进出采空区时矿山压力的变化较大，工作面的矿山压力显现异于常规下行式工作面等。

上行阶段开采顺序已引起了世界矿业专家的普遍关注，可借鉴的上行开采经验如下：

(1) 苏联杜鲍斯夫卡亚矿在层间距为 4.2 m、上层煤层为长壁综采的情况下，工作面及巷道状况良好，共出煤 150 万 t。

(2) 苏联加伊铜矿业进行了上行阶段开采顺序的工业试验。

(3) 我国华铜铜矿应用上行阶段开采顺序，已初见成效；山东孙村煤矿试行上行开采技术并取得成功。

(4) 鸡西立新矿，受条件所限，以往只采中部 4 个中厚煤层。开采虽使地面发生塌陷，但位于其上部 30 m 左右的 5# 煤层，仅表现为下沉，其顶板岩层基本完整。20 世纪 70 年代末，该矿不但回收了 5# 煤层，又对 5# 煤层上部 30 m 处的 6# 煤层成功进行了开采。

(5) 唐山唐家庄矿 1959 年曾因水大，放弃 11# 煤层内已形成的 2610 工作面，而先采其下部的 12# 煤层 2612 工作面(11# 煤厚 2.0 m，12# 煤厚 1.5 m，层间距 20 m)。1972 年该矿挖潜时，又恢复 11# 煤层 2610 工作面(长壁工作面长 110 m)开采。回采过程中发现底板上有一指宽的裂缝，但无错动；煤层中也有小的裂隙，但不影响开采。

(6) 鸡西城子河煤矿建于1938年,当时采用片盘斜井开拓方式,轨道上山一般布置在底部层组或中部层组中,由于开采技术条件等因素的限制,先采了中部层组的25#煤,后采上部层组的29#煤、36#煤和42#煤,形成了上行开采顺序。

20世纪70年代,煤层(群)上行开采引起了我国采矿界广泛的关注和研究,并有计划地进行了试采。20世纪80年代,上行开采技术已用于煤矿设计、矿井技术改造及矿井的复采工作当中,特别是地方煤矿复采老矿井采空区上方丢弃的煤炭资源,获得了丰富的实践经验。

1.2.5 区段煤柱留设

在基础理论研究方面,由于国外对矿山压力研究较早,故国外学者对区段煤柱合理留设理论提出较多,我国学者则多在国外学者提出的理论基础上,结合我国实际生产情况进行了相应的完善。

(1) 有效区域理论。有效区域理论假定各煤柱支撑着它上部及与其邻近煤柱平分的采空区上部覆岩的重量,以此来分析煤柱的破坏并确定相应的煤柱稳定宽度。这一理论简单易行,在主要开拓和生产煤柱设计方面得到广泛应用。但从其适用性上来看,该理论只能在开掘面积较大,煤柱尺寸、间隔相同且分布均匀的情况下使用。

(2) 压力拱理论。压力拱理论认为,由于采空区上方形成压力拱,上覆岩层的载荷只有一小部分在直接顶上,其他部分的上覆岩层载荷会向两侧的煤柱转移。压力拱的内宽主要受上覆岩层厚度及采深的影响,压力拱的外宽主要受覆岩内部组合结构的影响。如果采宽大于压力拱的内宽时,载荷会变得较为复杂,此时压力拱不稳定。即使采宽小于压力拱的内宽,煤柱稳定性也会随时间的变化而变化。所以该理论给出了煤柱尺寸的估算方法,认为载荷的分布是复杂的而且有时效性。

(3) 威尔逊理论。威尔逊理论建立在煤柱三向强度特性的基础上,依据煤体的三向强度特性来分析确定煤柱的稳定性及相应的宽度。该理论克服了其他方法的缺陷,相比较而言更加有用和可靠,因此得到了较广泛的应用。然而,该理论同样有不足之处,例如 $\tan\beta$、r_p 的经验算法与取值等问题,这些问题在一定程度上限制了它在英国以外地区的应用。

(4) 核区强度不等理论。格罗布拉尔把煤柱核区强度和实际应力联系在一起,从而确定核区内不同位置的强度。该法比较重视煤柱的尺寸和形状,并且认为煤柱核区强度各处不等,煤柱核区平均应力水平即使高于极限值,由于破裂颗粒之间的内摩擦力,也不会导致煤柱的彻底破坏,但可能导致煤柱核区和顶底板联结性能降低,引起煤柱的突出或顶底板在煤柱边缘附近出现移动。

(5) 平台载荷法理论。威尔逊理论公式、核区强度不等理论公式等都以“煤柱可分为屈服区和核区两部分,核区受屈服区约束”为根据,均有各自的合理成分和应用条件,但都存在一个共同的缺陷,即没有考虑煤柱与顶底板接触界面的黏聚力和内摩擦角的影响,或考虑了但始终没有对其进行明确定义。因此,吴立新、王金庄等人在以上公式基础上提出了“平台载荷法”原则,并依据此原则推导了煤柱宽度的计算公式。

除以上理论外,还存在一些依托实际工程背景而提出的一些区段煤柱宽度理论计算公式,以及一些隐含在实际工程问题中的区段煤柱宽度计算公式和方法。

旺格维利采煤法是澳大利亚针对新南威尔士南部海湾的旺格维利煤层而开发的一种采用连续采煤机组实施断壁开采的采煤方法。神东矿区部分矿井在采用旺格维利采煤法回采过程中,为取得煤柱与顶板的作用关系,进行了大量理论和现场工作,在理论计算的基础上,对合理煤柱尺寸进行了数值模拟研究和现场监测,从而得出了合理的煤柱尺寸。

为了研究覆岩运动规律,针对地层结构力学性质的差异和其对覆岩运动所起的不同作用,我国学者提出了岩层控制的“关键层理论”。此理论对岩层控制的实质有了更深入的了解,通过设计合理的煤柱宽度,使上覆岩层中的关键层在留设煤柱支撑下不发生破断而保持稳定,从而支撑其上覆直至地表的岩层,控制地表的沉陷,保护地面设施。

1.3 本书研究的主要内容

(1) 对唐公沟矿 $4^{-2上}$ 煤层进行可刨性分析,结合 $4^{-2上}$ 煤层实际情况逐项进行打分,综合评定该煤层的可刨性;将 $4^{-2上}$ 煤层的地质条件和国内中厚偏薄煤层采煤机系统的先进矿井的煤层地质条件进行对比,分析 $4^{-2上}$ 煤层是否适合采煤机系统。

(2) 对 $4^{-2上}$ 煤层和 5^{-1} 煤层的开采顺序问题进行研究,即进行上行开采可行性分析。

(3) 采用数值模拟软件分别对煤柱失稳引起的冲击载荷对巷道的影响、采动引起的上煤层小煤柱骨牌式失稳机理进行研究,即研究 3^{-2} 煤层房柱对 $4^{-2上}$ 煤层开采的影响,在此基础上研究 $4^{-2上}$ 煤层巷道层位布置及支护方案。

(4) 采用 $RFPA^{2D}$ 数值模拟软件模拟不同区段煤柱宽度,分析在工作面回采期间区段煤柱破坏情况和区段煤柱两侧上覆岩层产生的裂隙是否贯通。合理的区段煤柱宽度是区段煤柱不破坏，又能使煤柱两侧上覆岩层产生的裂隙不贯通，在此原则下确定的区段煤柱宽度。

(5) 以 $4^{-2上}$ 煤层的实际情况为基础，针对刨煤机开采和滚筒采煤机开采两种采煤方法分别进行了工作面设备选型和工作面相关参数以及回采工艺的确定。

(6) 针对刨煤机开采和滚筒采煤机开采两种采煤方法的工作面设备和布置情况，进行经济和技术方面的详细评价，得出最优方案。在此基础上对 $4^{-2上}$ 煤自动化开采方案进行分析。

2 刨煤机及滚筒采煤机开采方式选择

结合国内外生产实践，中厚偏薄煤层可以采用滚筒采煤机或刨煤机进行开采。一般刨煤机的适用范围为0.6～1.5 m，而采煤机的适用范围为1.5 m以上。而唐公沟矿$4^{-2上}$煤层厚度为0.85～3.65 m，平均可采厚度为1.7 m，属于中厚偏薄煤层，正好处于两种方法的过渡范围，因此本章结合唐公沟矿$4^{-2上}$煤层的地质赋存条件和现场条件，对以上两种采煤方法进行对比分析，得出最适合的采煤方法。

2.1 唐公沟矿$4^{-2上}$煤层的工程条件概况

唐公沟矿位于内蒙古自治区鄂尔多斯市东胜区西北部，矿区内3^{-2}、$4^{-2上}$、5^{-1}、5^{-2}煤层为全区可采的较稳定煤层，目前3^{-2}煤层正处于开采过程当中并且即将采完。因此，做好下一个煤层即$4^{-2上}$煤层的开采设计规划显得尤为关键，以保证矿井生产的延续性和取得良好的经济效益。

2.1.1 $4^{-2上}$煤层条件概况

$4^{-2上}$煤层位于延安组第一岩段顶部，倾角为1°～3°，局部小断层及褶皱发育，无岩浆岩侵入，地质构造简单。$4^{-2上}$煤层为全区可采的中厚偏薄煤层，煤层厚度为0.85～3.65 m，平均可采厚度为1.7 m。

煤层厚度稳定，结构简单，不含夹矸，挥发分为34.53%～37.78%，为不黏煤。煤层由北向南有变薄的趋势，但厚度变化不大，属全区可采的较稳定煤层。距下伏的$4^{-3上}$煤层间距为0.40～15.98 m，平均5.53 m，在井田东北部ZK802-B12钻孔一线向北地段，$4^{-2上}$与$4^{-3上}$煤层合并。

(1) 煤层赋存情况

煤层赋存具体情况见表2-1。

表2-1 煤层赋存情况表

煤层名称	煤层厚度/m	煤层结构	煤层倾角/(°)	煤种	稳定程度
$4^{-2上}$煤层	0.85～3.65(1.7)	平缓斜构造	1～3	不黏煤	较稳定

(2) 煤层顶底板情况

$4^{-2上}$煤层顶板主要以粉砂质泥岩为主，部分地段为中砂岩，不存在伪顶。井田内直接顶为中、粉砂质泥岩，夹泥岩层；基本顶为粉砂岩、粗砂岩、砂砾岩为主的砂岩互层；直接底为粉砂岩。具体情况见表 2-2。

表 2-2　煤层顶底板情况表

顶底板名称	岩石名称	厚度	岩性特征
基本顶	粉砂岩、粗砂岩、砂砾岩为主的砂岩互层及 2^{-2}、3^{-2}煤层	20 m 以上	灰白色，泥质孔隙型胶结，弱含水，石英、长石为主
直接顶	中、粉砂质泥岩，夹泥岩层	平均 4 m	灰白色、灰黑色，泥质孔隙型胶结，石英、长石为主
直接底	粉砂岩	3 m 以上	泥质孔隙型胶结，石英、长石为主

(3) 断层影响

通过对 3^{-2}煤层的开采情况分析，3 煤组中的 F_1、F_2断层带可能对 $4^{-2上}$煤层的开采有较大影响，南翼影响采面数量在 2～3 个。

(4) 褶皱影响

通过 3^{-2}煤层南翼的开采情况分析，可以推断出在井田的南翼，当采面推进到背斜的顶部、向斜的槽部时，由于背、向斜的走向在井田的南部大部分区域斜交，在这些区域采面内会存在不同程度的底板隆起区域，隆起高度一般在 0.5～1.5 m 之间。采面内煤层呈起伏状，且这些底板隆起区域大都伴随着断层的发育，在南翼井田背、向斜发育较多，同时这些背、向斜的走向大都与 3^{-2}煤层南北走向的采面呈斜交状。

(5) 相邻各煤层工业分析结果

$4^{-2上}$煤层及相邻各煤层工业分析结果见表 2-3。

表 2-3　$4^{-2上}$煤层及相邻各煤层工业分析结果

煤层名称	原煤水分/%			原煤灰分/%			精煤挥发分/%		
	最大值	平均值	最小值	最大值	平均值	最小值	最大值	平均值	最小值
3^{-2}	13.95	11.16	7.99	20.91	8.37	3.87	39.93	35.48	29.03
$4^{-2上}$	14.83	9.57	3.10	28.34	11.41	4.21	44.14	33.68	28.61
5^{-1}	14.26	10.23	6.41	17.24	12.33	6.82	38.81	33.41	26.02
5^{-2}	13.10	9.47	3.33	18.61	8.19	4.79	39.97	35.84	30.05

由表 2-3 可知，$4^{-2上}$煤层水分含量较高，煤层干燥、无灰基、挥发分产率平均值在 28%～37%之间，属中高挥发分煤。

(6) 相邻各煤层发热量

$4^{-2上}$煤层及相邻各煤层发热量统计见表 2-4。

表 2-4 $4^{-2上}$煤层及相邻各煤层发热量统计表

煤层名称	弹筒发热量/(MJ/kg)			干基高位发热量/(MJ/kg)			应用基发热量/(MJ/kg)		
	最大值	平均值	最小值	最大值	平均值	最小值	最大值	平均值	最小值
3^{-2}	24.03	24.21	23.13	28.61	25.15	21.55	28.00	24.00	18.40
$4^{-2上}$	29.04	24.87	21.39	28.97	24.29	21.34	28.49	24.81	17.20
5^{-1}	28.18	24.47	18.45	28.56	24.41	18.38	27.50	22.82	13.57
5^{-2}	27.75	25.62	24.04	27.69	25.57	23.99	27.08	24.48	20.63

由表 2-4 可知，$4^{-2上}$煤层为较高热稳定性煤。

2.1.2 矿井生产系统概况

(1) 开拓方式

本井田煤层埋藏较浅，地面表土层薄，瓦斯、水患不严重，煤层倾角为 1°～3°，除井田东部和南部局部倾角稍大外，煤层倾角大部分在 1°左右，煤层赋存稳定，故矿井采用斜井或平硐开拓，主运输采用带式输送机运输，辅助运输采用无轨胶轮车运输。

(2) 煤炭运输方式选择

根据机械化矿井要求，煤炭从井下采煤工作面至地面的主运输系统采用连续运输方式。除工作面采用大功率刮板输送机外，工作面运输巷、大巷、井筒的煤炭运输均采用带式输送机连续运输。

(3) 通风系统

通风线路为：副平硐、主斜井进风→辅助运输大巷→工作面运输巷及辅助运输巷→工作面→工作面回风巷→回风大巷→回风斜井。掘进工作面采用局部通风机压入式通风。

(4) 排水系统

采掘工作面积水由污水泵排到相邻运输巷水沟，由运输巷排入辅助运输大巷水沟，经辅助运输大巷再分段排到井底水仓，然后通过井下排水设备排至地面水处理系统。

2.2 开采方法适应性评价

2.2.1 唐公沟矿 $4^{-2上}$ 煤层可刨性分析

煤层可刨性是衡量刨煤机能否有效适应煤层的一个重要指标，是影响刨煤机能否高效开采的一个重要因素。在一定的地质条件下，刨煤机开采对于中厚偏薄煤层的优势是相当明显的。因此，判断煤层是否适合刨煤机开采尤为重要。

影响刨煤机采煤的主要因素是煤层硬度、厚度、节理裂隙、结构、倾角、底板、直接顶、基本顶、地质构造和其他因素，采用权重来确定单因素的重要性。各个单因素的权重由专家打分法赋值，结果如表 2-5 所列。

表 2-5 各个单因素对煤层可刨性影响的权重

影响因素	煤层硬度	煤层厚度	节理裂隙	煤层结构	煤层倾角	煤层底板	煤层直接顶	煤层基本顶	地质构造	其他因素
权重 k_n	0.183 5	0.068 5	0.084 2	0.149 4	0.097 3	0.102 4	0.095 3	0.044 8	0.122 1	0.052 5

将各个单因素无量纲化处理以后，采用加权求和的方法来获得最终的综合量化值，最后确定煤层使用刨煤机采煤的可行性程度。因此，煤层可刨性综合指标 $\sum I$ 为各个单因素对煤层可刨性指标 I_n 与其权重 k_n 乘积之和，即

$$\sum I = \sum_{n=1}^{10} k_n I_n$$

唐公沟矿 $4^{-2上}$ 煤层若采用刨煤机开采，需要做煤层可刨性的研究。

对于煤层的可刨性，在国外有专门的研究机构进行过研究，其研究方法多为测定与计算相结合的方法，衡量的指标各有不同，有的用可刨性指标，有的用煤层单向切割力等。在我国，根据多年使用刨煤机的实践经验提出了如表 2-6 所列的可刨性分类方案。

表 2-6 煤层可刨性分类方案

分类	说　明
极易刨(I1)	煤层赋存稳定，无夹矸，节理发育，煤质松软，底板无起伏。直接顶允许裸露宽度为 0.8～1.0 m，无护顶煤，不黏顶，不片帮。煤层厚度为 0.8～1.4 m，无地质构造影响，煤层倾角小于 10°，无涌水现象。通风系统良好，地温及自然发火现象均不影响正常生产

表 2-6(续)

分类	说　明
易刨(I2)	煤层赋存稳定,含少量夹矸但夹矸硬度小,节理较发育,煤质松软,底板局部有起伏但变化较小。直接顶维护较容易,局部有护顶煤,周期来压明显,超前压力大。煤层厚度为0.6～1.4 m,有地质构造但影响范围小,煤层倾角小于10°。涌水、瓦斯不影响正常生产
一般(I3)	煤层赋存稳定,存在夹矸与地质构造,但经过处理仍可保证生产,煤质中硬。底板有起伏,刨头刨煤时会发生刨头啃底、飘刀现象。直接顶维护较容易,黏顶,周期来压期间易刨。煤层倾角、厚度变化较大,在局部地段倾角变化较大时,采取防滑措施可保证正常生产。涌水、瓦斯、自然发火现象都存在但不影响生产
难刨(I4)	煤层赋存不稳定,倾角、厚度变化大,局部有尖灭现象,地质构造发育,且经提前处理仍影响正常生产,节理不发育,煤质较硬,底板起伏,刨煤机啃底、飘刀,机电事故时有发生,底板松软。直接顶维护较困难,倾角变大时,采取特殊措施后仍难以组织正规循环作业。涌水量、瓦斯涌出量较大,自然发火期短,地温较高,影响生产
极难刨(I5)	煤层赋存不稳定,倾角、厚度变化大,地质构造复杂,一个工作面无法保证一次性采完,需要搬家调面,煤质坚硬,刨煤机啃底、飘刀现象严重。底板松软,顶板难以维护,涌水、瓦斯影响生产,安全状况不佳

由表 2-6 可以看出,对煤层可刨性的分类基本上是定性方面的描述,只是在煤层硬度、厚度、倾角等方面有定量的描述,但从实际情况看,煤的可刨性不仅取决于煤层的硬度,而且还与其他的条件有关。因而为了便于进行定量的综合评价分类,运用常规的评价方法,将煤层可刨性分等级赋以指标进行量化处理。方法是应用 10 分制来表示可刨性程度与相对应的分类等级,以 0 分表示极难刨,10 分表示极易刨,从 0 到 10 分表示煤层可刨性程度。各等级的指标分值见表 2-7。

表 2-7　煤层可刨性评价指标值

分类类别	极难刨(I5)	难刨(I4)	一般(I3)	易刨(I2)	极易刨(I1)
评价指标 I 值	$0\leqslant I<2$	$2\leqslant I<4$	$4\leqslant I<6$	$6\leqslant I<8$	$8\leqslant I<10$

对于中厚偏薄煤层开采,在新上刨煤机采煤之前,应全面考虑各种单因素对刨煤机采煤的影响。首先依据薄煤层开采的地质条件,计算各个单因素对煤层可刨性指标的影响,得出 I_n 值;然后考虑各个单因素的权重,计算出煤层可刨性综合指标 $\sum I$;最后按照 $\sum I$ 值较直接地预测刨煤机的使用效果。该方法简单

易行,可操作性强,具有广泛的应用价值。

对唐公沟矿 $4^{-2上}$ 煤层进行可刨性分析,应将其煤层硬度、厚度、倾角和顶底板条件等 10 个重点影响因素结合表 2-6、表 2-7 进行分析,给出其可刨性评价指标值,并且得出其可刨性方案。

(1) 煤层硬度

煤层硬度是影响刨煤机使用效果的一个重要因素。煤质越硬,刨煤机的刨削阻力和横向反力越大,刨头运行稳定性越差,功率消耗大,刨刀磨损快,设备使用寿命短,刨煤越困难。唐公沟矿 $4^{-2上}$ 煤层 $f=1\sim3$,属于煤质松软煤层,无论使用国产刨煤机还是进口刨煤机都能轻松将煤体刨下,其可刨性评价指标值为 8～10,属于极易刨(I1)类型。

(2) 煤层底板

煤层底板对刨煤机开采具有重要的影响。如果底板起伏不平,无论沿煤层走向或倾向不平,对刨煤机的运行和机组的推移都会产生很大影响,刨煤机会出现啃底、飘刀及刨头运行不稳等情况。唐公沟矿 $4^{-2上}$ 煤层顶底板整体比较平缓,起伏不大,但在井田南翼部分区域采面内可能会存在不同程度的底板隆起区域,对刨煤机的运行和机组的推移都有一定影响;同时顶底板皆以粉砂岩为主,部分地段为中砂岩,比较坚硬,不会出现啃底现象,所以,其可刨性评价指标值为 6～8,属于易刨(I2)类型。

(3) 煤层直接顶

刨煤机刨头每次刨深小,顶板暴露面积小,刨煤时引起的顶板下沉量不大,顶板下沉不剧烈,加之刨速快,可使控顶时间缩短,能较好地控制顶板。结合 3^{-2} 煤层的开采情况,直接顶下沉量比较小,对工作面影响不大,对推进速度要求也不高,加之采用进口刨煤机的可能性较大,所以,其可刨性评价指标值为 8～10,属于极易刨(I1)类型。

(4) 煤层基本顶

从开切眼起,由于受支承压力的影响,煤壁被压酥。随工作面的推进,在移动支承压力的作用下煤壁压酥对刨煤机采煤非常有利。唐公沟矿 $4^{-2上}$ 煤层 $f=1\sim3$,属于煤质松软煤层,在支承压力作用下煤壁会片帮,影响工作面的推进,所以,其可刨性评价指标值为 6～8,属于易刨(I2)类型。

(5) 煤层结构

煤层结构对刨煤机采煤有较大影响。当煤层不黏顶时,刨煤的高度一般为煤层厚度的 1/3～1/2。唐公沟矿 $4^{-2上}$ 煤层煤种属于不黏煤,刨煤效果较好。煤层结构简单,不含夹矸,无岩浆岩侵入,所以,其可刨性评价指标值为 8～10,属于极易刨(I1)类型。

(6) 地质构造

对刨煤机采煤影响比较大的地质构造主要是断层。断层不仅使顶板失去连续性造成顶板破碎,还使顶板出现台阶并且导致煤厚发生变化,给刨煤造成困难。研究和实践表明,当断层落差小于 0.5 倍煤厚,顶底板不太硬时,可采取硬刨逐渐过断层。如果顶底板岩石坚硬,则需提前爆破处理。当断层落差大于0.5 倍煤厚时,则刨煤机过断层难度较大,甚至造成工作面搬家。通过对 3^{-2} 煤层的开采情况分析,3 煤组中的 F_1、F_2 断层带可能对 $4^{-2上}$ 煤层的开采有较大影响,南翼影响采面数在 2～3 个。所以,地质构造对刨煤机采煤有一定的影响,主要分布在井田南部区域。其可刨性评价指标值为 6～8,属于易刨(I2)类型。

(7) 煤层倾角

刨煤机对煤层倾角比较敏感,倾角大时,设备容易下滑。目前刨煤机一般用在 25°以下的煤层,少数用于倾角 30°以上的煤层。煤层倾角越大,上行刨煤阻力越大,机械故障明显增多。唐公沟矿 $4^{-2上}$ 煤层倾角为 1°～3°,煤层厚度稳定,由北向南有变薄的趋势,但厚度变化不大,所以,其可刨性评价指标值为 8～10,属于极易刨(I1)类型。

(8) 其他因素

工作面涌水量较大时,会给运输、支护、管理带来困难。高瓦斯矿井使用刨煤机必须设计合理的风量和风速,以便于排放瓦斯和散发热量。自然发火期短的煤层,要使工作面保持一定的推进速度和采取防止煤层自然发火的措施,以确保安全。唐公沟矿属于低瓦斯矿井,并且通风系统良好,涌水量小而且无自然发火倾向,所以,其可刨性评价指标值为 8～10,属于极易刨(I1)类型。

(9) 煤层厚度和节理裂隙

顶板条件对煤层可刨性的影响,主要是指直接顶和基本顶的压力在回采过程中的显现程度。直接顶的强度指数 D 为

$$D = 10R_c \cdot C_1 \cdot C_2 = 10 \times 10.50 \times 0.9 \times 0.54 = 51.03\ (\text{MPa})$$

式中,R_c 为直接顶岩石单轴抗压强度,取 10.50 MPa;C_1 为节理裂隙影响系数,取0.9;C_2 为分层厚度影响系数,取 0.54。

依据上述地质条件,可以计算出唐公沟矿 $4^{-2上}$ 煤层可刨性综合指标

$$I = \sum_{n=1}^{10} k_n I_n = 7.28$$

综上所述,唐公沟矿 $4^{-2上}$ 煤层赋存稳定,基本不含夹矸,节理较发育,煤质松软,底板局部有起伏但变化较小。直接顶维护较容易,局部有护顶煤,有地质构造但影响范围小,煤层倾角小于 10°。无涌水现象,通风系统良好,地温及自然发火现象均不影响正常生产。属于易刨(I2)类型,适合用刨煤机开采。

2.2.2 唐公沟矿 $4^{-2上}$ 煤层采煤机适应性分析

采煤机系统是开采中厚偏薄煤层的另一有效途径。与刨煤机系统相比，其对煤厚、顶底板等条件的要求没有那么苛刻，具有相对良好的适应性。

国内先进中厚偏薄煤层滚筒采煤机工作面的地质条件基本概括如下：煤厚平均在 1.5 m 左右，煤层倾角平均在 10°以上，顶底板皆是砂质泥岩或粉砂岩，情况较好，埋藏较深，煤质为软至中等硬度煤层，局部有小断层。

而唐公沟矿 $4^{-2上}$ 煤层的地质情况为：倾角为 1°～3°，断层及褶皱不发育，亦无岩浆岩侵入，地质构造简单。属全区可采的中厚偏薄煤层，煤厚 0.85～3.65 m，平均可采厚度 1.7 m。

比较分析可知，唐公沟矿 $4^{-2上}$ 煤层的地质条件较好，且由于煤层埋藏浅，矿山压力不大，而且瓦斯含量少，所以，采用采煤机进行开采可以实现安全高效。

2.3 开采方法的分析和确定

2.3.1 $4^{-2上}$ 煤层厚度状况分析

由钻孔位置和明细（见表 2-8 和图 2-1）可知，整个矿井的钻孔位置分布均匀，能够较真实地反映煤层厚度的变化情况。$4^{-2上}$ 煤层厚度在井田范围内从南向北逐渐递增，中部及南部最薄煤层厚度仅 1.5 m，且中南部煤厚均在 1.5～1.6 m的范围。而井田的东北角和西北角煤厚均在 2 m 左右，局部区域煤厚达到 3 m。可以得出结论：井田内 $4^{-2上}$ 煤层厚度南薄北厚，南部均在 1.6 m 以下，而北部为 1.9 m 以上，可以推断出中间过渡区域煤厚在 1.6～1.9 m 之间。

表 2-8 钻孔明细表

钻孔编号	钻孔位置	煤层厚度/m
B1	东北角	3.1
B2	东北角	1.8
B3	西北角	2.9
B4	中部靠北	2.0
B5	中部靠东	1.8
B6	中部靠西	1.6

表 2-8(续)

钻孔编号	钻孔位置	煤层厚度/m
B7	东南角	1.5
B8	西北角	1.6
B9	西北角	1.6
B10	西北角	2.0
B11	中部	1.9
B12	东北角	1.9
B13	中部靠西	1.6
B14	东北角	2.0
B15	西南角	1.6
B16	中部	1.5
B17	南部	1.6

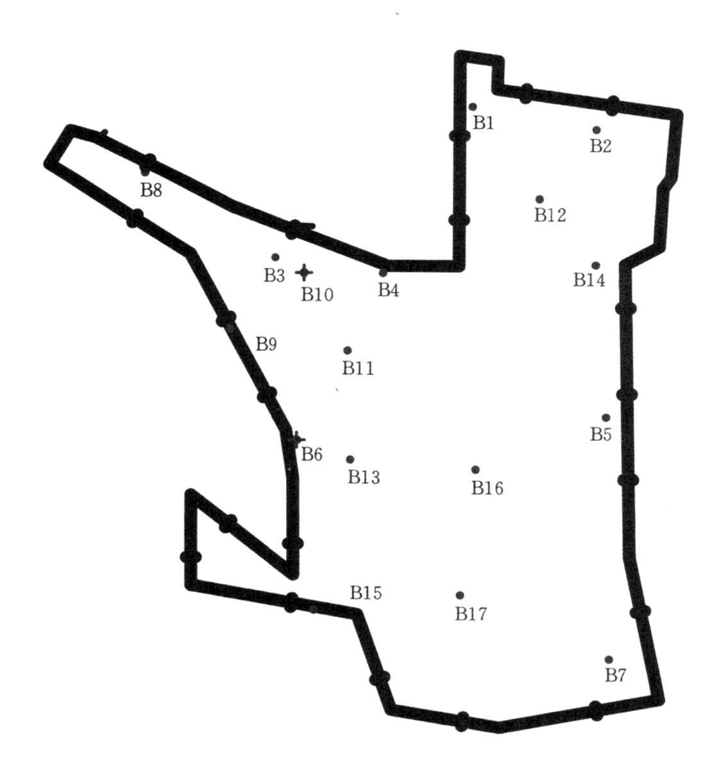

图 2-1 唐公沟矿钻孔位置示意图

2.3.2 开采方法的确定

参照国内外中厚偏薄煤层开采的先进实践经验，在其他条件相同的情况下，煤层厚度对采煤方法的选择至关重要。

在国内先进刨煤机工作面中，铁法小青矿煤厚 1.1～1.7 m，平均 1.5 m；铁法晓南矿，平均煤厚 1.7 m；西山马兰矿煤厚 1.2～1.4 m，平均 1.25 m；大同晋华宫矿煤厚 1.12～1.5 m，平均 1.3 m；晋城凤凰山矿煤厚 0.8～1.7 m，平均 1.5 m。

由此可知，国内先进刨煤机工作面所应用的煤层平均厚度条件一般在 0.8～1.7 m 之间，再加上刨煤机有最大最小采高并且可以在一定的范围内变化，所以在这个煤厚区间内刨煤机都是可用的。对于 $4^{-2上}$ 煤层，推荐在井田中部和南部 1.7 m 及以下煤层中选择刨煤机来开采，能够达到良好的经济效益和社会效益。

由于采煤机对煤厚的适应性较强，能够调节的范围较大，所以在井田北部 1.7 m 以上的煤层当中推荐使用滚筒采煤机进行开采，能够实现安全高效。

2.4 本章小结

(1) 通过对 $4^{-2上}$ 煤层进行可刨性分析，得出 $4^{-2上}$ 煤层属于易刨(I2)类型，适合用刨煤机开采。

(2) 经过比较分析，采用采煤机进行开采同样可以实现中厚偏薄煤层的安全高效开采。

(3) $4^{-2上}$ 煤层开采方法：在井田中部和南部 1.7 m 及以下煤层中使用刨煤机来开采，而在井田北部 1.7 m 以上的煤层中使用采煤机进行开采。

3 $4^{-2上}$煤层与5^{-1}煤层开采顺序的确定

唐公沟煤矿是技改后投产的矿井，设计生产能力为150万t/a，目前开采3^{-2}煤层，其下部为$4^{-2上}$煤层，平均可采厚度为1.7 m，可采储量为1 574万t，距上部3^{-2}煤层平均约13 m，因煤层较薄，设计时没有考虑开采$4^{-2上}$煤层，而准备直接开采5^{-1}厚煤层。为了节省煤炭资源，准备开采$4^{-2上}$煤层。因此，$4^{-2上}$煤层和5^{-1}煤层的开采顺序值得研究，需进行上行开采可行性分析。

当一个矿井开采多煤层时，通常采用下行式开采顺序。因为先采上煤层后采下煤层，上煤层开采对下煤层影响小；若先采下煤层，特别是当上、下煤层间距较小或下煤层采高较大时，下煤层采出后将引起上覆岩层变形、断裂和垮落，有可能破坏上煤层的完整性而导致上煤层不能被正常开采。本章利用数值模拟对上行开采的可行性进行分析。

3.1 数值模型建立及力学参数选取

3.1.1 模型的建立

煤层开采覆岩移动规律采用UDEC软件进行数值模拟，开采过程中，沿工作面推进方向取一个截面进行研究，垂直于截面方向的位移相对于截面内的位移而言很小，可以忽略不计，整个模型可以视为平面应变模型。

取200 m×136 m长方形区域，块体局部细化，模型共划分为4万个单元；模型下边界，y方向位移为0；左右边界，x方向位移为0；上边界为地表，即自由边界；初始应力取原岩应力，如图3-1、图3-2所示。

数值计算力学模型图如图3-3所示。

3.1.2 模型力学参数的选取

模型的力学参数如表3-1所列。

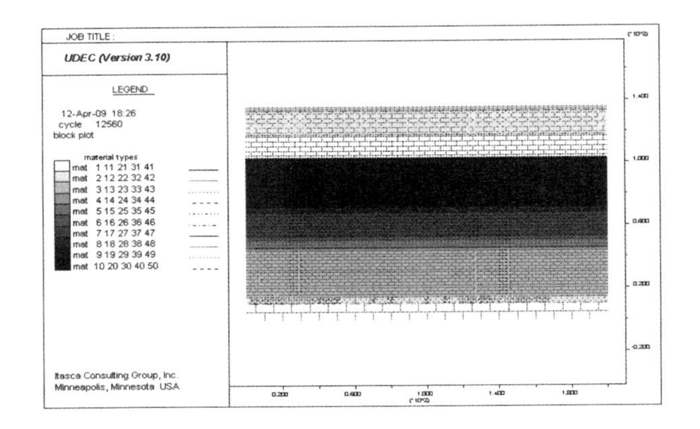

图 3-1 数值模型材料图

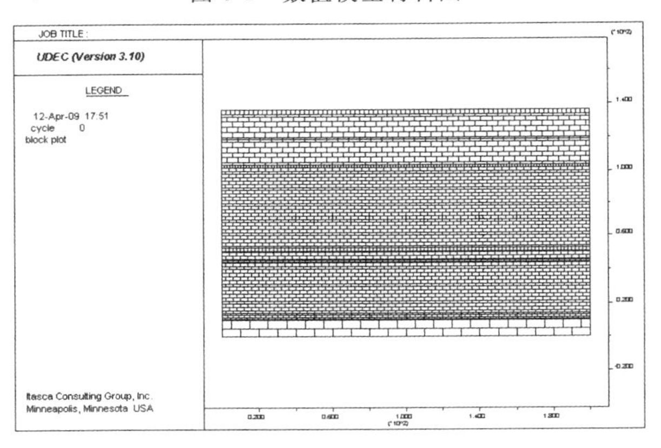

图 3-2 数值模型块体图

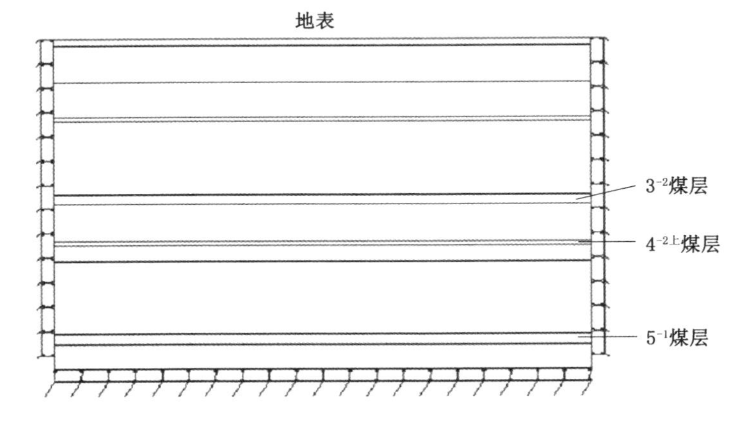

图 3-3 数值计算力学模型图

表 3-1 唐公沟煤层上覆岩层力学参数

层序	岩性	厚度/m	视密度/(kg/m³)	抗压强度/MPa	弹性模量/MPa	黏聚力/MPa	内摩擦角/(°)	泊松比
1	砾石	2.77	2.46	38	9 100	3.1	19	0.19
2	砾岩	14.87	3.00	40	10 000	3.5	21	0.20
3	粉砂岩	15.06	2.50	50	12 000	4.5	28	0.24
4	2^{-2}煤	1.64	1.90	13	2 200	1.2	23	0.21
5	粉砂质泥岩	14.50	2.65	50	13 000	3.5	27	0.23
6	粉砂岩	7.00	2.80	51	12 000	4.8	28	0.25
7	粉砂质泥岩	7.40	2.70	52	13 000	3.8	27	0.23
8	3^{-2}煤	4.24	2.00	14	2 300	1.3	22	0.22
9	粉砂岩	9.00	2.80	51	12 000	4.6	28	0.24
10	粉砂质泥岩	5.68	2.70	51	13 000	3.7	27	0.23
11	细砂岩	15.00	15.00	42	17 000	5.3	33	0.25
12	$4^{-2上}$煤	1.70	2.00	14	2 300	1.3	22	0.22
13	粉砂岩	5.53	2.80	51	13 000	4.8	28	0.25
14	4^{-3}煤	0.88	2.00	14	2 300	1.3	22	0.22
15	粉砂质泥岩	8.00	2.70	51	13 000	3.6	26	0.23
16	粉砂岩	12.87	2.85	52	12 000	4.7	28	0.24
17	粉砂质泥岩	7.30	2.75	52	13 000	3.8	27	0.24
18	5^{-1}煤	4.48	2.00	14	2 300	1.3	22	0.22
19	粉砂岩	10.00	3.00	60	30 000	6.5	33	0.28

3.2 数值计算方案及目标

根据唐公沟矿煤层开采实际情况，模型计算的具体方案如下：

(1) 根据已采3^{-2}煤层的现场观测数据，运用 UDEC 建立模型进行分步开采，模拟工作面推进方式，进行反演，从而确定岩体的力学参数，为后续的$4^{-2上}$煤层和5^{-1}煤层的开采提供依据。

(2) 在3^{-2}煤层开采后，采用分步开采的方式，步距 5 m，推进 20 步，工作面共推进 100 m，模拟开采$4^{-2上}$煤层。由经验可知：工作面推进距离为煤层埋深的 1.2～1.4 倍时，即可以认为其处于充分采动影响范围内。接着以同样的开采

方式开采 5^{-1} 煤层，得到上述两个阶段的覆岩垮落规律及采动对应力场和垂直方向位移场的影响规律。

(3) 在 3^{-2} 煤层开采后，采用分步开采的方式，步距 5 m，推进 20 步，工作面推进 100 m，模拟开采 5^{-1} 煤层，接着以同样的开采方式开采 $4^{-2\text{上}}$ 煤层，得到上述两个阶段的覆岩垮落规律及采动对应力场和垂直方向位移场影响规律。

数值计算的目标如下：

(1) 得出冒落带、裂缝带和弯曲下沉带的高度，与理论计算进行对比，分析开采过程中煤层间的相互影响规律。

(2) 得出 $4^{-2\text{上}}$ 煤层开采时的矿压规律，包括初次来压步距和周期来压步距。

(3) 先采 5^{-1} 煤层时，在开采过程中分析煤层间的相互影响和矿压规律，确定 5^{-1} 煤层的开采是否会对 $4^{-2\text{上}}$ 煤层的开采造成破坏性的影响。

3.3 3^{-2} 煤层开采覆岩移动规律数值模拟

3.3.1 3^{-2} 煤层开采覆岩移动

根据现场开采情况，3^{-2} 为已采煤层，工作面自开切眼推进 100 m，开采过程中，覆岩移动数值模拟结果如图 3-4 所示。

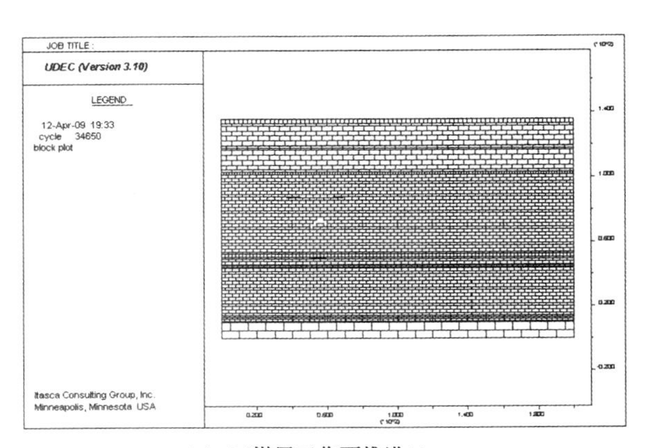

(a) 3^{-2} 煤层工作面推进10 m

图 3-4 3^{-2} 煤层开采覆岩移动数值模拟

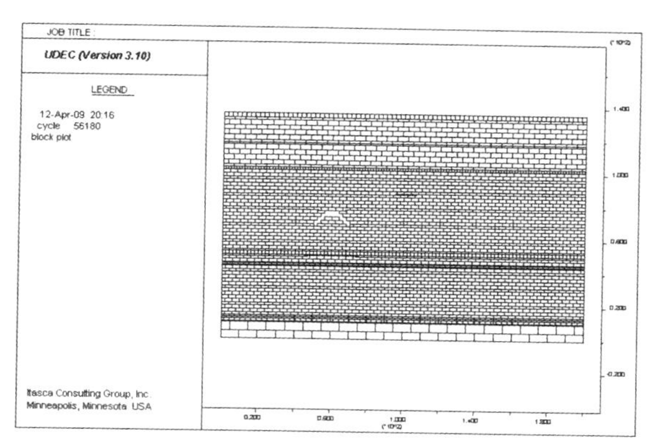

（b）3^{-2}煤层工作面推进20 m

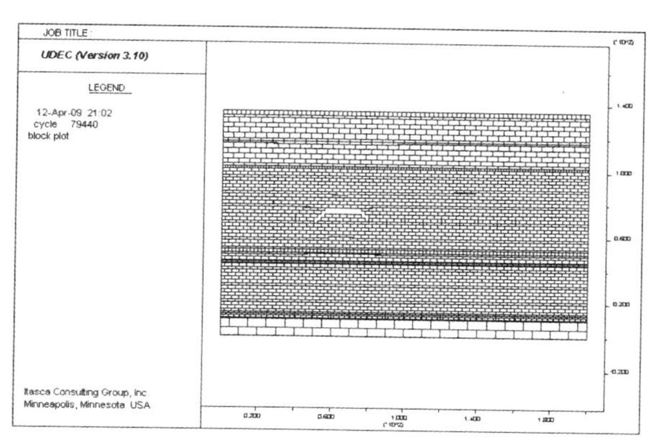

（c）3^{-2}煤层工作面推进30 m

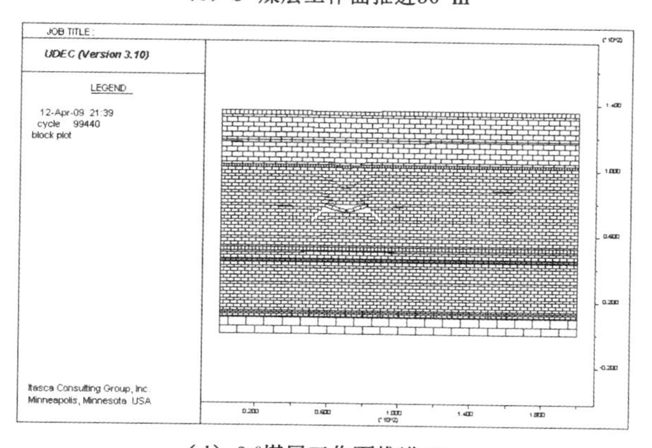

（d）3^{-2}煤层工作面推进40 m

图 3-4(续)

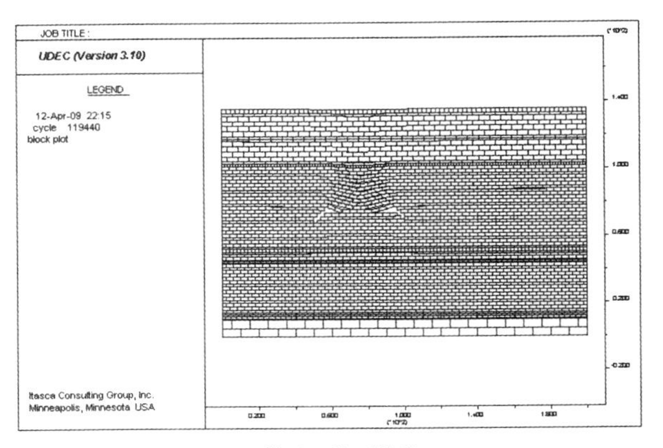

（e） 3^{-2}煤层工作面推进50 m

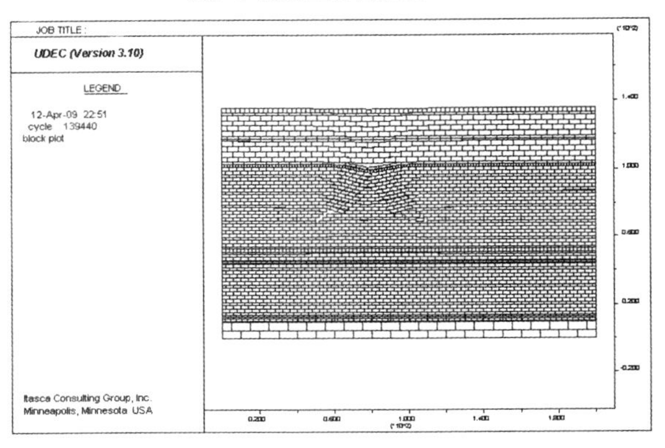

（f） 3^{-2}煤层工作面推进60 m

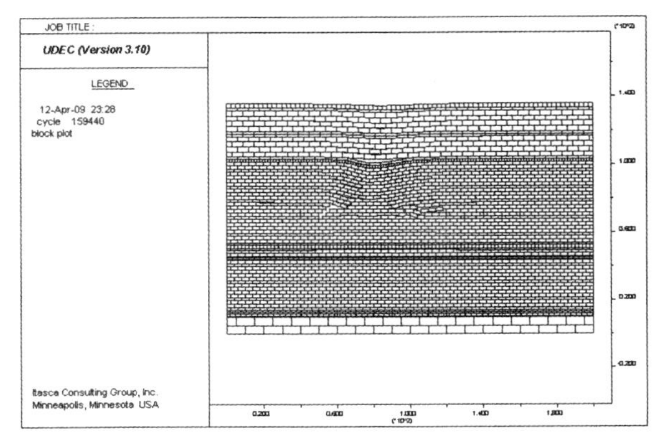

（g） 3^{-2}煤层工作面推进70 m

图 3-4（续）

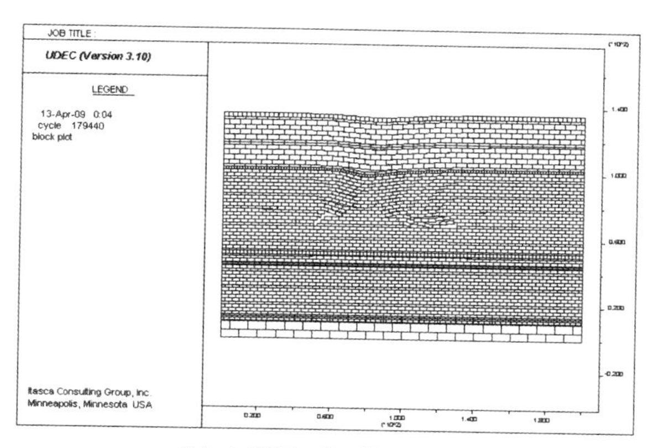

（h）3^{-2}煤层工作面推进80 m

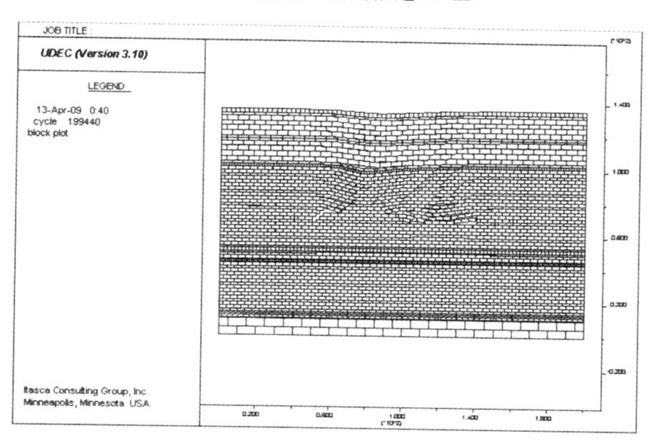

（i）3^{-2}煤层工作面推进90 m

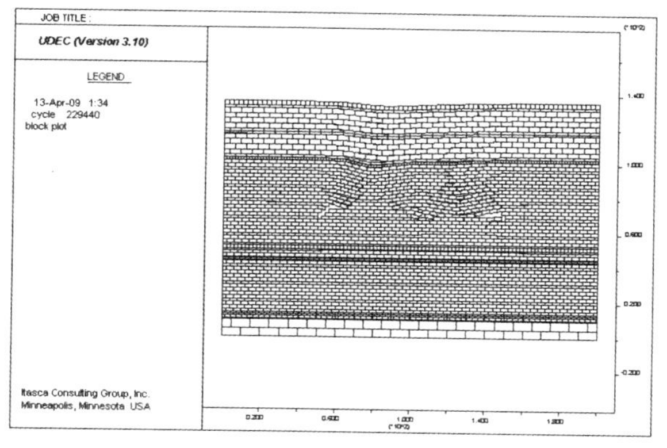

（j）3^{-2}煤层工作面推进100 m

图 3-4(续)

从图 3-4 可以看出：

（1）随着工作面的推进，3^{-2}煤层上覆岩层出现冒落带、裂缝带和弯曲下沉带，即“三带”。当工作面推进 10 m 时，出现微小离层；当工作面推进 20 m 时，直接顶出现冒落，冒高 8 m；工作面推进 20～50 m 过程中，直接顶不断冒落；从工作面推进 50 m 开始，上覆岩层中逐渐出现明显裂隙；推进 60 m 时，上覆岩层出现大的离层；推进 70 m 时，基本顶完全弯曲下沉，上覆岩层与煤层底板接触，离层空间明显；随着工作面的继续推进，离层区域扩大，裂隙不断发育，当工作面推进 90 m 后，裂隙直接将地表与采空区连接。

（2）冒落带、裂缝带和弯曲下沉带的分布与采空区范围不对称，最严重的部位是采空区中心线的后方，并且随着采空区中心线的前移不断向前推进。地表有轻微下沉，最大下沉量约 20 cm。

（3）根据顶板的垮落状况，可以推断顶板初次来压步距为 15 m 左右，由于每次工作面推进都会出现受应力重新分布影响而导致的顶板破坏现象，可以认为周期来压步距为 5 m 左右。

3.3.2 3^{-2}煤层开采覆岩 y 方向位移场

3^{-2}煤层开采 y 方向覆岩位移场部分云图如图 3-5 所示。

从图 3-5 可以看出：

（1）y 方向位移较大区域位于采空区上部，在采空区下沉量小于 60 m 时，未受到充分采动影响，位移最大的区域大约在采空区中部。当工作面推进距离大于 60 m之后，出现新的采动位移最大区域，但是先前的采动位移最大部位仍然存在。

（2）由于采空区上部出现冒落带、裂缝带和弯曲下沉带，使得 y 方向位移值在靠近采空区时最大，并向上递减。在距离开切眼 30 m 处布置垂直测线，如图 3-6 所示，得到距离采空区垂直距离 h 处的 y 方向位移，如图 3-7 和表 3-2 所示。

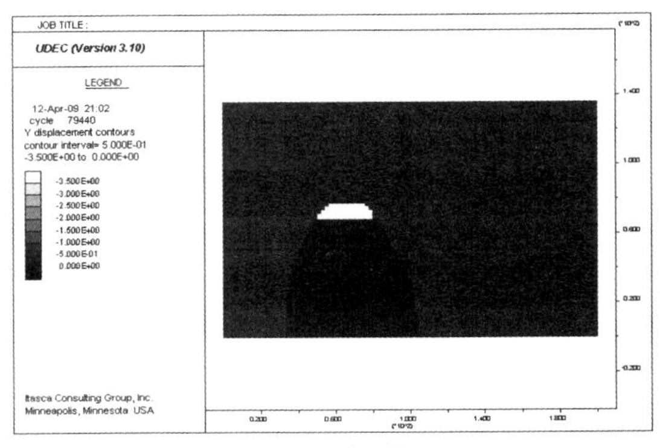

（a）3^{-2}煤层工作面推进30 m

图 3-5 3^{-2}煤层开采 y 方向位移云图

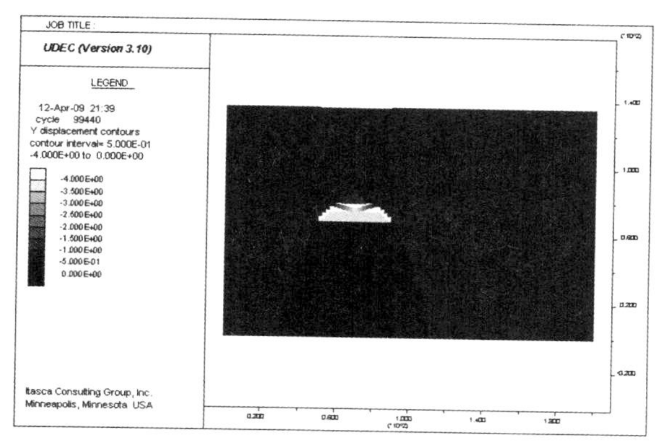

(b) 3^{-2}煤层工作面推进40 m

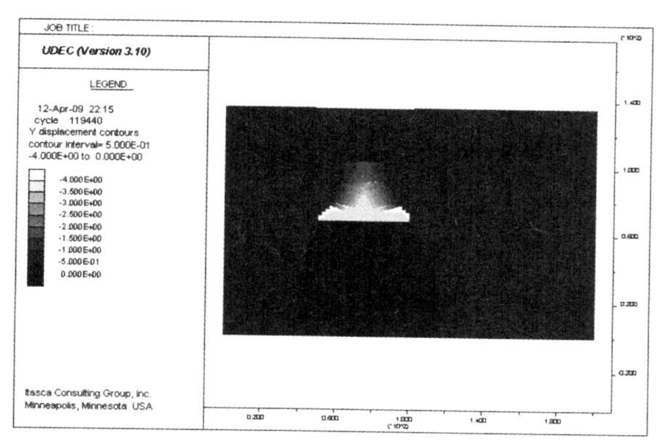

(c) 3^{-2}煤层工作面推进50 m

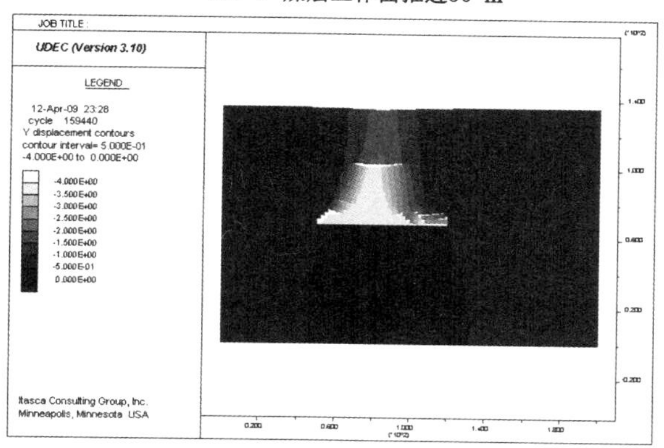

(d) 3^{-2}煤层工作面推进70 m

图 3-5(续)

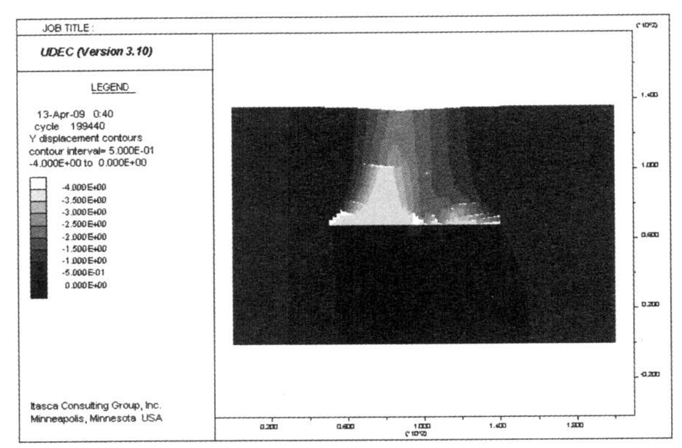

(e) 3^{-2}煤层工作面推进90 m

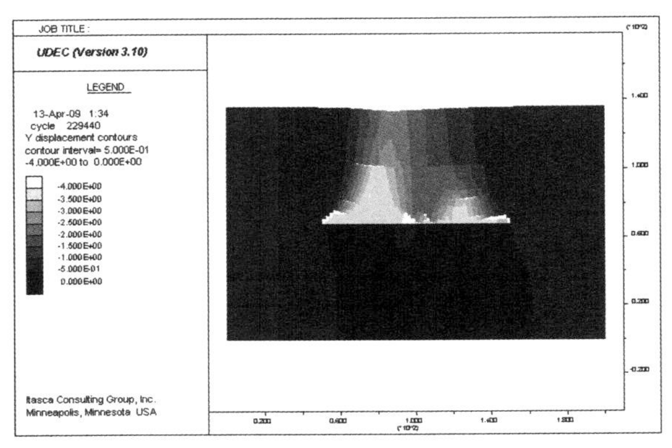

(f) 3^{-2}煤层工作面推进100 m

图 3-5(续)

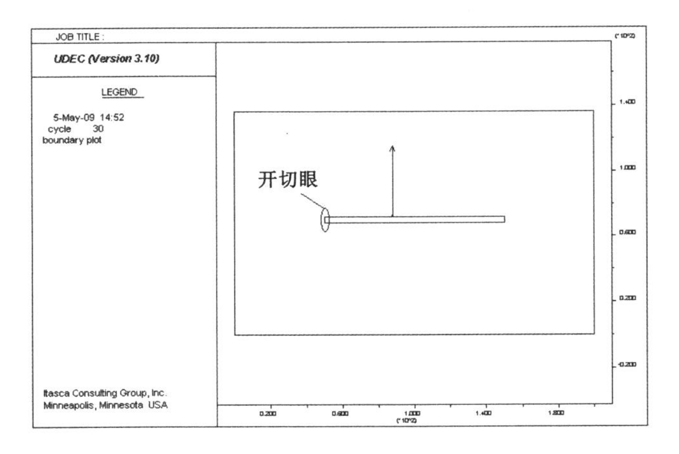

图 3-6 垂直测线布置方式

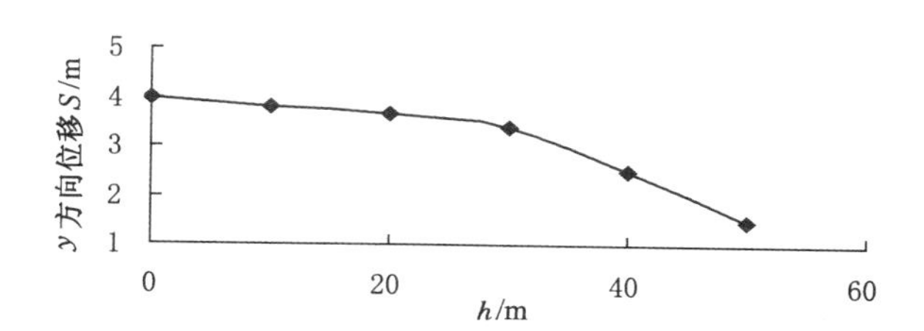

图 3-7　距采空区垂直距离 h 处的 y 方向位移 S

表 3-2　距采空区垂直距离 h 处的 y 方向位移 S

h/m	0	10	20	30	40	50
S/m	4.00	3.80	3.65	3.40	2.50	1.50

从表 3-2 和图 3-7 可以看出，在距离开切眼水平距离 30 m，垂直方向距离采空区 30 m 左右位置，出现了离层，导致 y 方向的位移在该处有突变。在 0～30 m 范围内，由于冒落、裂隙和弯曲下沉，从采空区开始向上位移稍有减小。

通过数值模拟结果分析，得出以下结论：

(1) 根据数值模拟中所取块体的垮落状态，得到冒落带高度为 10 m，与理论计算得到的 12.78 m 的冒高接近，裂缝带高度为 30 m，微小裂隙直达地表，弯曲下沉带高度为 40 m。

(2) 从模拟中的覆岩垮落规律可知，3^{-2}煤层开采时的初次来压步距为 15 m，周期来压步距为 5 m 左右。

(3) 3^{-2}煤层开采对地表沉陷影响不严重。

3.4　$4^{-2上}$煤层开采覆岩移动规律数值模拟

3^{-2}煤层为已采煤层，$4^{-2上}$和 5^{-1}煤层为待开采煤层，$4^{-2上}$煤层开采方案有以下两种：

方案 1：在开采 3^{-2}煤层后，直接开采 $4^{-2上}$煤层；

方案 2：在开采 3^{-2}煤层后，接着开采 5^{-1}煤层，然后开采 $4^{-2上}$煤层。

本书给出了以上两种方案下的数值模拟结果以及对数值模拟结果的分析。

3.4.1　$4^{-2上}$煤层开采方案 1 数值模拟

3.4.1.1　$4^{-2上}$煤层开采覆岩移动

在开采 3^{-2}煤层后，直接开采 $4^{-2上}$煤层，得到覆岩移动情况如图 3-8 所示。

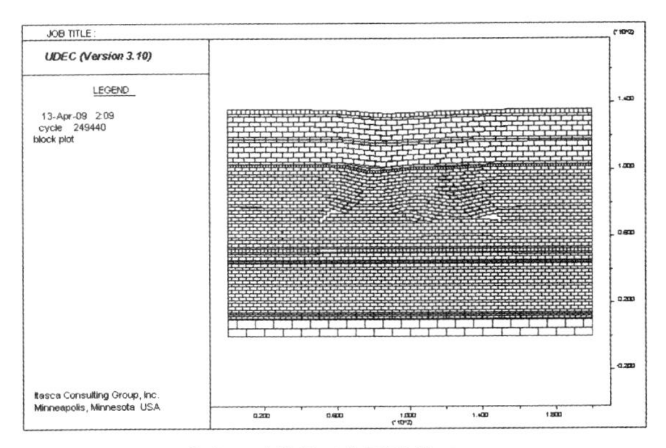

（a）$4^{-2上}$煤层工作面推进10 m

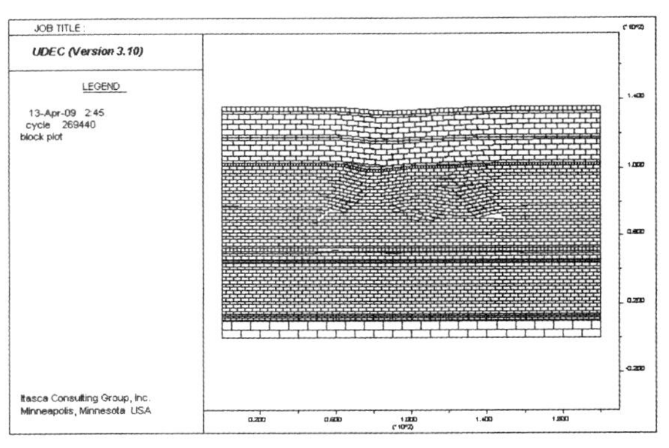

（b）$4^{-2上}$煤层工作面推进20 m

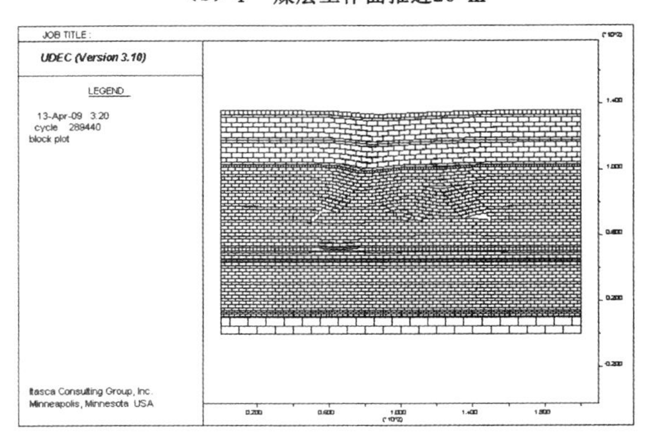

（c）$4^{-2上}$煤层工作面推进30 m

图 3-8　采用方案 1 时 $4^{-2上}$ 煤层开采覆岩移动数值模拟

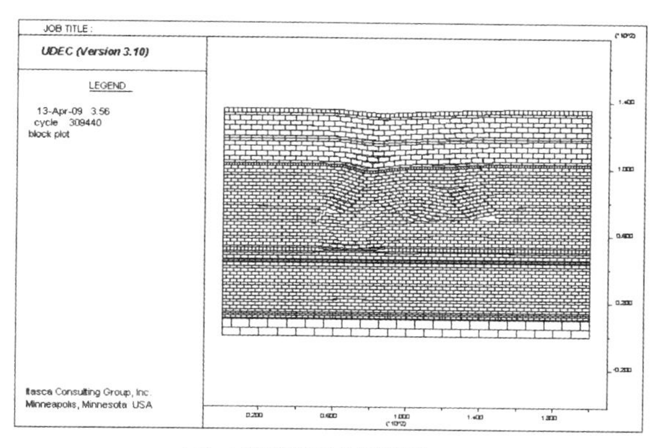

（d）$4^{-2上}$煤层工作面推进40 m

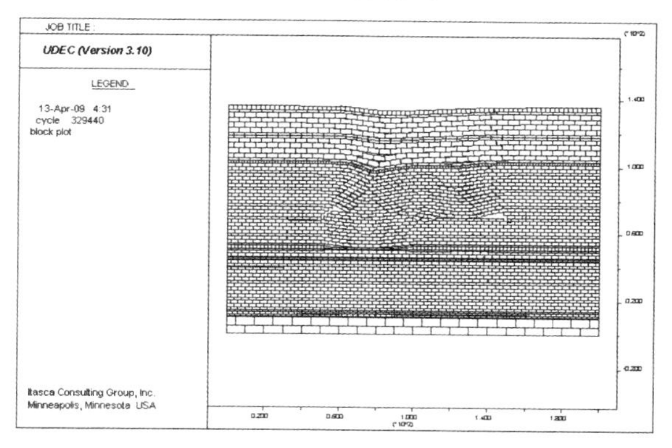

（e）$4^{-2上}$煤层工作面推进50 m

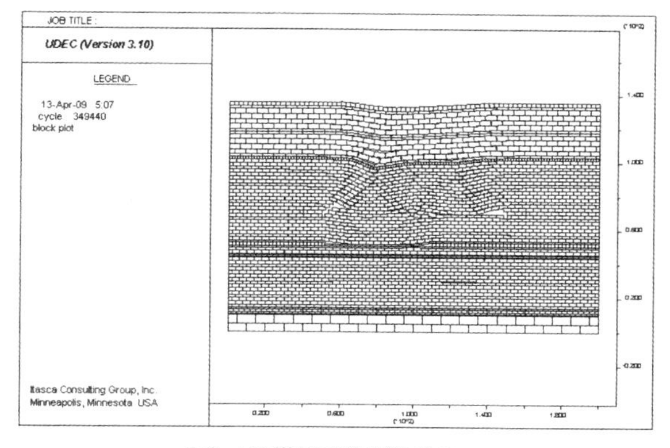

（f）$4^{-2上}$煤层工作面推进60 m

图 3-8(续)

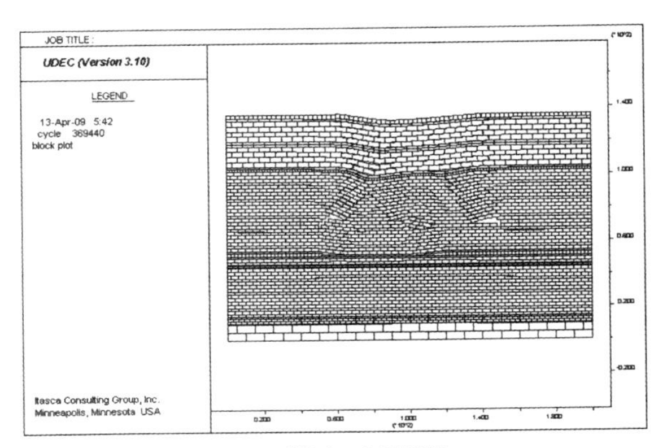

(g) $4^{-2上}$煤层工作面推进70 m

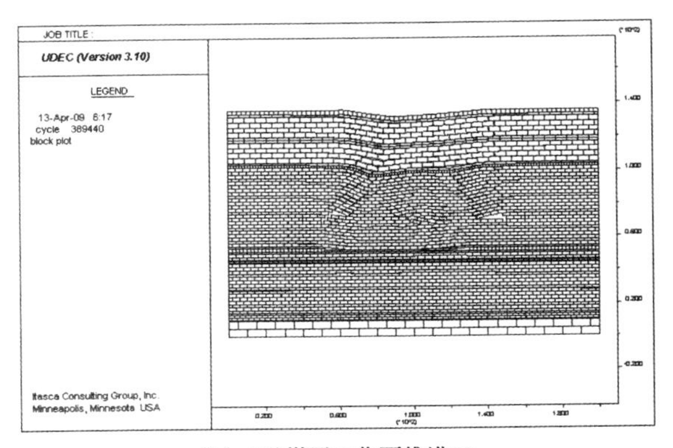

(h) $4^{-2上}$煤层工作面推进80 m

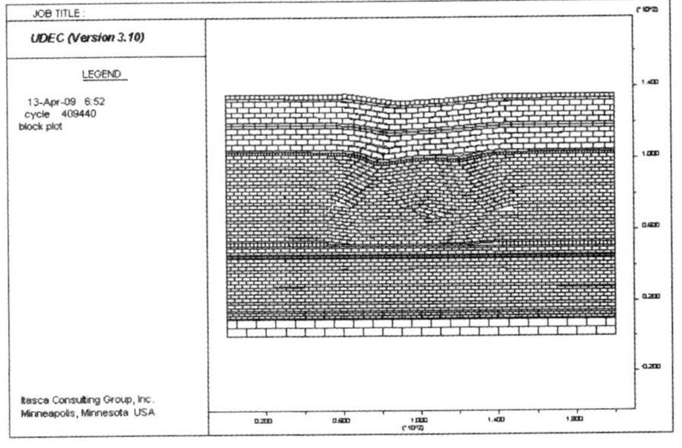

(i) $4^{-2上}$煤层工作面推进90 m

图 3-8(续)

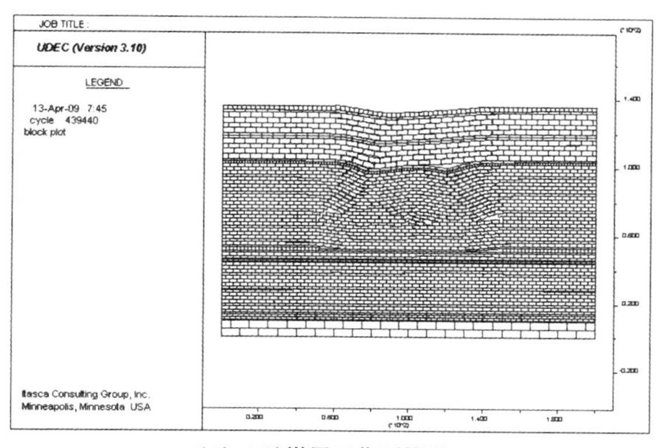

（j）$4^{-2上}$煤层工作面推进100 m

图 3-8(续)

从图 3-8 可以看出：

(1) $4^{-2上}$煤层工作面推进 10～30 m 时，由于 3^{-2}煤层开采的卸压作用，顶板未出现冒落现象，只有少量裂隙和离层发育。当推进 40 m 时，上覆岩层突然弯曲下沉，直至与底板接触。随着工作面不断向前推进，由于煤层相对较薄，上覆岩层不断弯曲下沉并与底板接触。

(2) $4^{-2上}$煤层工作面在推进过程中，没有出现明显的冒落带，但是裂隙的发育和岩层的弯曲下沉比较明显。由于之前 3^{-2}煤层开采引起的与地表沟通的裂隙不断扩大，3^{-2}与 $4^{-2上}$煤层中间的岩层裂隙将两个煤层部分导通。

(3) 随着 $4^{-2上}$煤层工作面不断推进，地表下沉量不断增加，地表下沉的谷底位置相对滞后于工作面推进位置。地表的最大下沉量在距离开切眼 40 m 位置时接近 2 m。$4^{-2上}$煤层工作面推进 100 m 时，地表距离开切眼距离 S'处的沉降量 h'，如图 3-9 和表 3-3 所示。

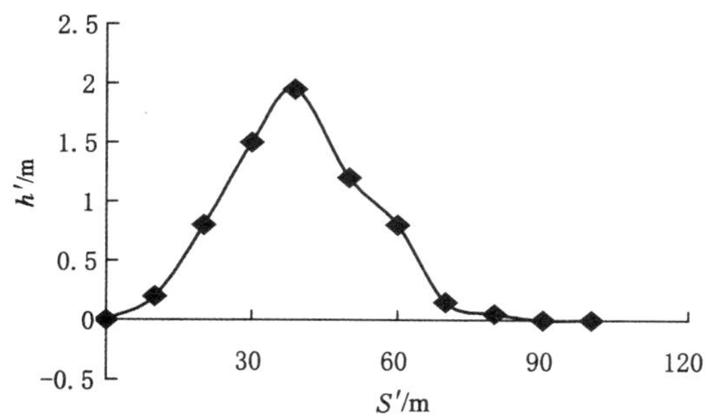

图 3-9　距开切眼水平距离 S'处地表沉降量 h'

表 3-3　距开切眼水平距离 S' 处地表沉降量 h'

S'/m	0	10	20	30	40	50	60	70	80	90	100
h'/m	0	0.20	0.80	1.50	1.95	1.20	0.80	0.15	0.05	0	0

（4）由于上覆岩层与底板直接接触，底板部分鼓起几乎不可见，但是底板岩层由于采空区应力释放，受到两侧应力的挤压作用，出现了裂隙发育。

3.4.1.2　$4^{-2上}$煤层开采 y 方向位移云图

采用方案 1 时 $4^{-2上}$煤层开采 y 方向位移云图见图 3-10。

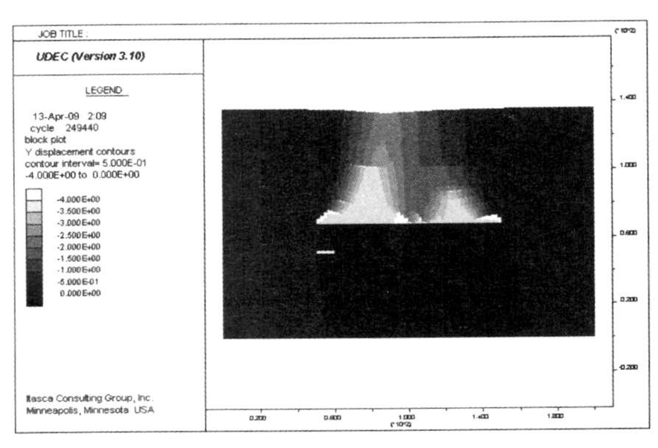

（a）$4^{-2上}$煤层工作面推进10 m

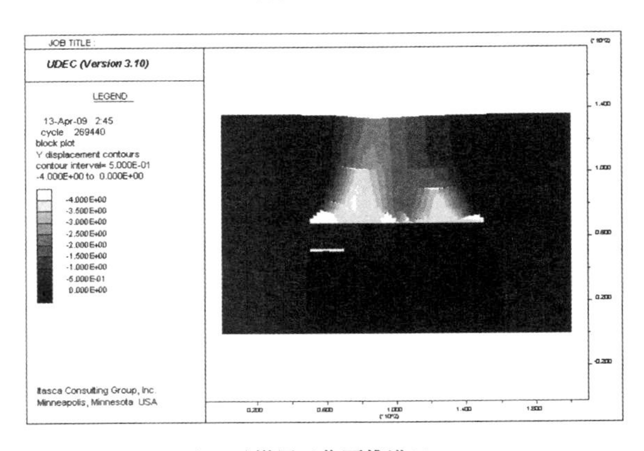

（b）$4^{-2上}$煤层工作面推进20 m

图 3-10　采用方案 1 时 $4^{-2上}$煤层开采 y 方向位移云图

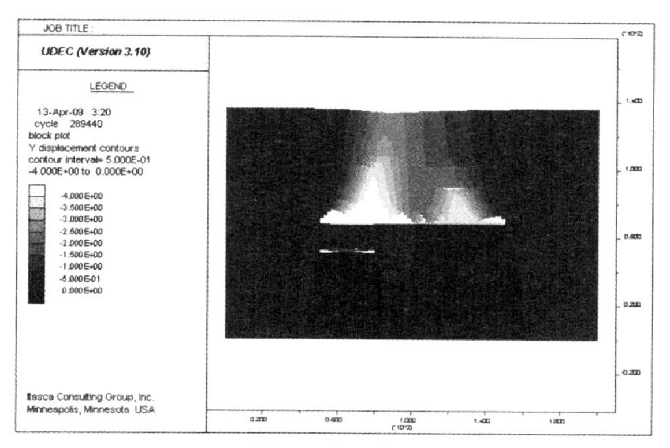

(c) $4^{-2上}$**煤层工作面推进30 m**

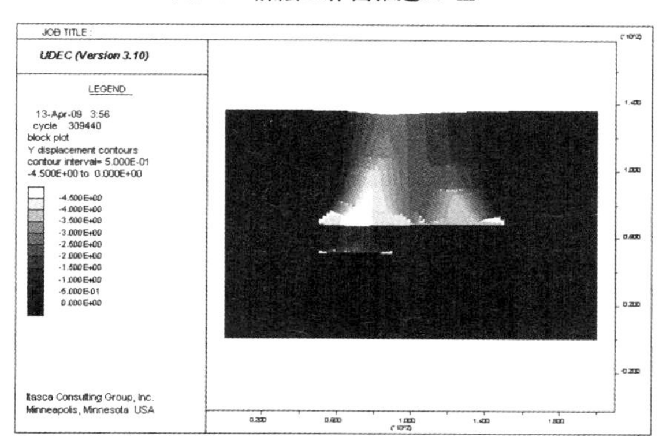

(d) $4^{-2上}$**煤层工作面推进40 m**

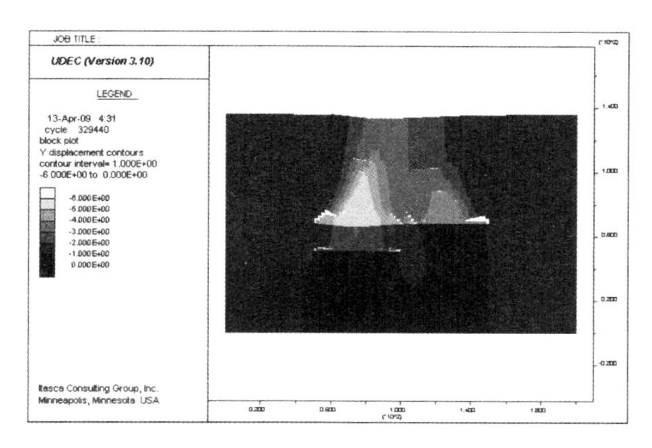

(e) $4^{-2上}$**煤层工作面推进50 m**

图 3-10(续)

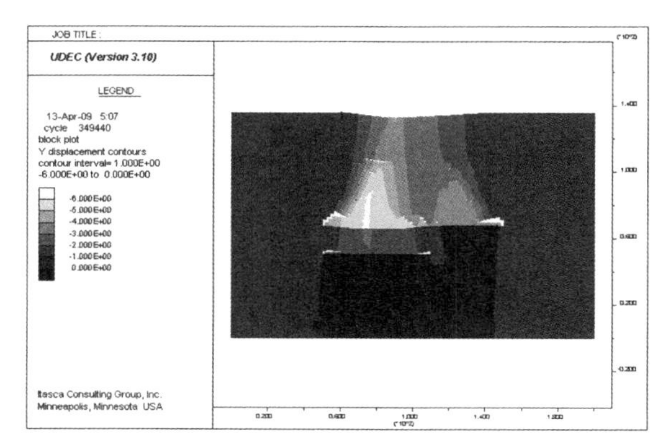

（f）$4^{-2\text{上}}$煤层工作面推进60 m

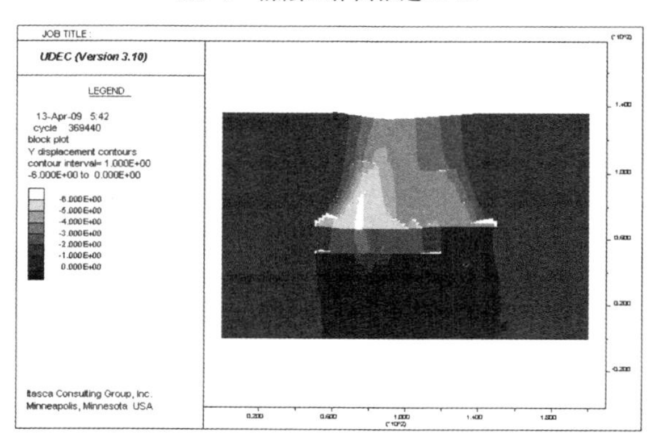

（g）$4^{-2\text{上}}$煤层工作面推进70 m

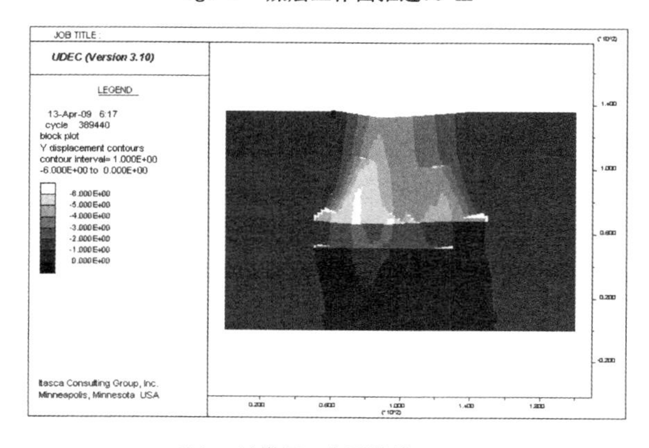

（h）$4^{-2\text{上}}$煤层工作面推进80 m

图 3-10(续)

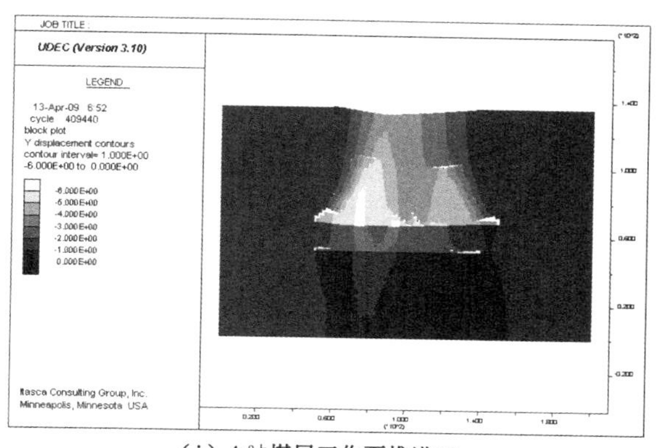

（i）$4^{-2\text{上}}$煤层工作面推进90 m

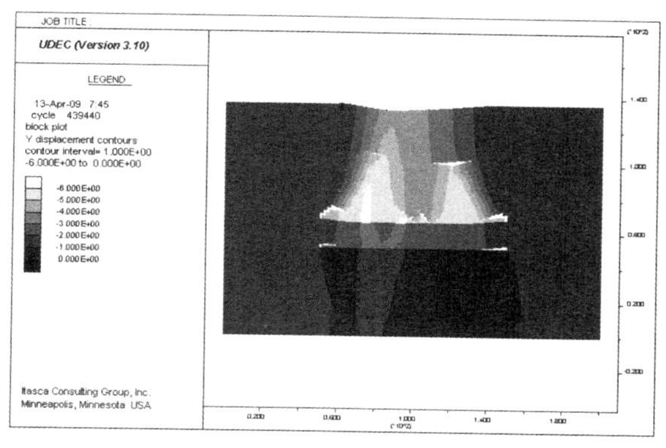

（j）$4^{-2\text{上}}$煤层工作面推进100 m

图 3-10（续）

由图 3-10 可以看出：

（1）开挖 0～30 m 过程中，由于上部 3^{-2}煤层开采引起的卸压作用，并且 $4^{-2\text{上}}$煤层与 3^{-2}煤层距离比较近，前期的卸压影响起主导作用，$4^{-2\text{上}}$煤层上覆岩层的位移基本保持不变；推进 40 m 时，由于 $4^{-2\text{上}}$煤层上覆岩层的突然弯曲下沉，引起局部产生较大位移，但此时还没有影响 3^{-2}煤层以上区域；工作面继续推进，上覆岩层不断弯曲下沉，裂缝带不断发育，直至与 3^{-2}煤层沟通，3^{-2}煤层上覆岩层受到影响，开始继续下沉，同时伴有裂隙扩展和岩层的弯曲下沉变形；当工作面推进 80 m 之后，$4^{-2\text{上}}$煤层采动影响基本稳定，位移云图变化趋于稳定。

（2）$4^{-2\text{上}}$煤层开采引起的上覆岩层最大 y 方向位移达 6 m 左右，其分布区域为 3^{-2}煤层开采时位移最大区域，$4^{-2\text{上}}$煤层直接顶和基本顶由于完全下沉与底板接触，其位移约为 $4^{-2\text{上}}$煤层的厚度。

(3) 当工作面推进 100 m 时，数值模拟中布置了 3 条水平线，范围为工作面开切眼到工作面结束，测线 1 位置在 $4^{-2上}$ 煤层直接顶，测线 2 位置在 3^{-2} 煤层顶板，测线 3 位置在地表。如图 3-11 和表 3-4 所示。

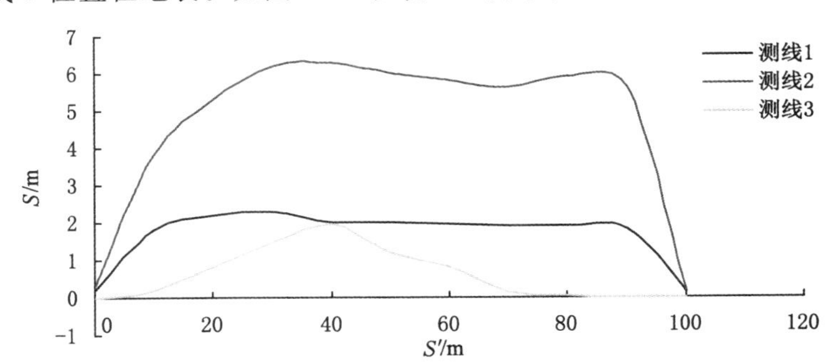

图 3-11　采用方案 1 时距开切眼水平距离 S' 处 y 方向位移曲线图

表 3-4　采用方案 1 时距开切眼水平距离 S' 处 y 方向位移　　单位：m

S'	0	10	20	30	40	50	60	70	80	90	100
$S_{测线1}$	0.2	1.8	2.2	2.3	2	2	1.95	1.9	1.9	1.8	0.15
$S_{测线2}$	0.3	3.8	5.3	6.2	6.3	6	5.8	5.6	5.9	5.6	0.2
$S_{测线3}$	0	0.2	0.8	1.5	1.95	1.2	0.8	0.15	0.05	0	0

由表 3-4 和图 3-11 可以看出，此方案中 $4^{-2上}$ 煤层开采对地表的影响较大，由于 $4^{-2上}$ 煤层的开采引起了 3^{-2} 煤层采空区部位上覆岩层整体下沉，新增加位移基本为 $4^{-2上}$ 煤层厚度。

通过模拟结果分析，得出如下结论：

(1) 在 3^{-2} 煤层开采后，直接对 $4^{-2上}$ 煤层进行开采，由数值模拟开采过程中块体垮落现象可知，由于 $4^{-2上}$ 煤层与 3^{-2} 煤层之间的间隔岩层单一且较薄，并且由于 3^{-2} 煤层开采具有卸压作用，$4^{-2上}$ 煤层开采时冒落现象不明显，裂缝带高度发育，与 3^{-2} 煤层完全沟通，上覆岩层直到地表均受到 $4^{-2上}$ 煤层采动影响导致裂隙发育严重，整个上覆岩层均处于裂隙与弯曲下沉共同作用的范围。

(2) 从数值模拟开采过程中顶板垮落的规律推测初次来压步距为 40 m，但周期来压步距比较小，为 4 m 左右。

(3) $4^{-2上}$ 煤层开采对地表影响较大，从 3^{-2} 煤层开采时的 20 cm 左右增大到 $4^{-2上}$ 煤层开采后的 2 m 左右。

3.4.2　$4^{-2上}$ 煤层开采方案 2 数值模拟

3.4.2.1　$4^{-2上}$ 煤层开采覆岩移动

在已开采煤层 3^{-2} 后，接着开采 5^{-1} 煤层，然后开采 $4^{-2上}$ 煤层，数值模拟得到覆岩移动情况如图 3-12 所示。

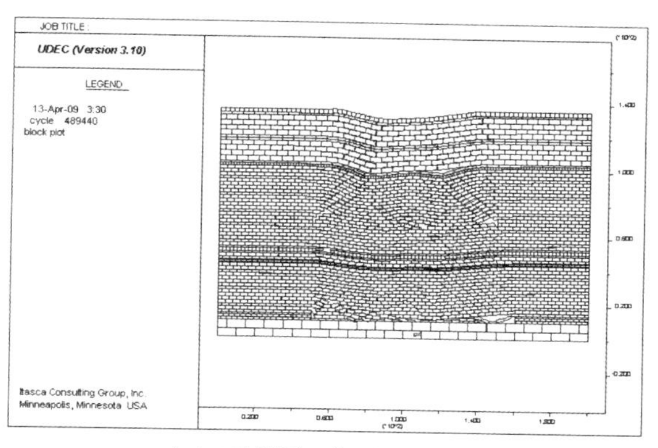

(a) $4^{-2\text{上}}$煤层工作面推进10 m

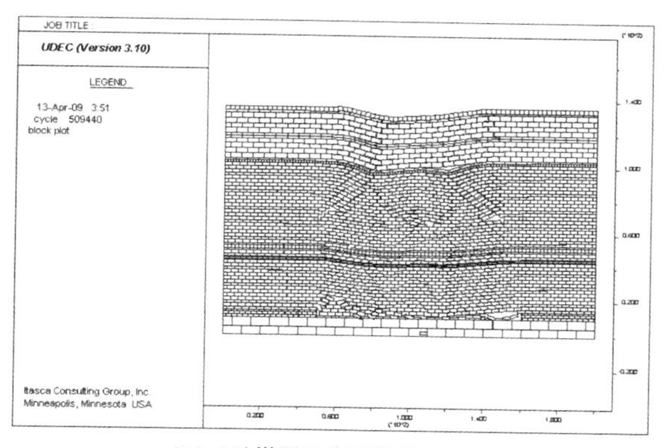

(b) $4^{-2\text{上}}$煤层工作面推进20 m

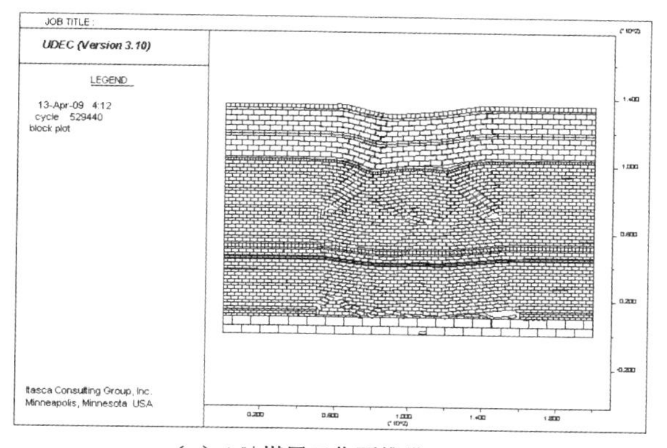

(c) $4^{-2\text{上}}$煤层工作面推进30 m

图 3-12 采用方案 2 时 $4^{-2\text{上}}$煤层开采覆岩移动数值模拟

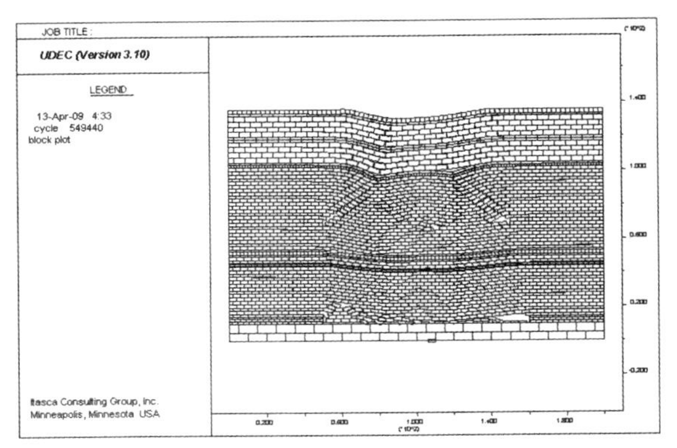

(d) $4^{-2\text{上}}$煤层工作面推进40 m

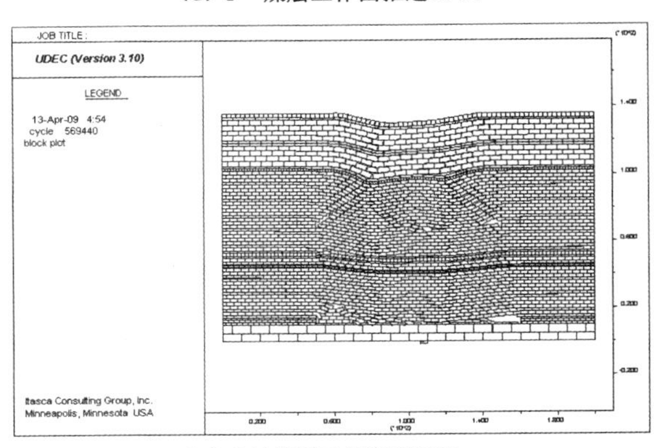

(e) $4^{-2\text{上}}$煤层工作面推进50 m

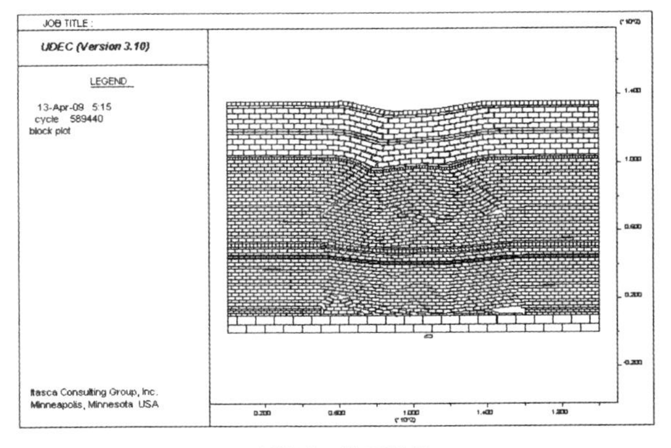

(f) $4^{-2\text{上}}$煤层工作面推进60 m

图 3-12(续)

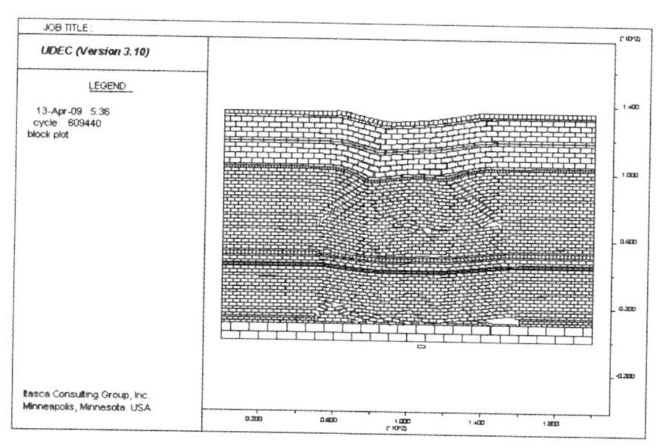

（g）$4^{-2上}$煤层工作面推进70 m

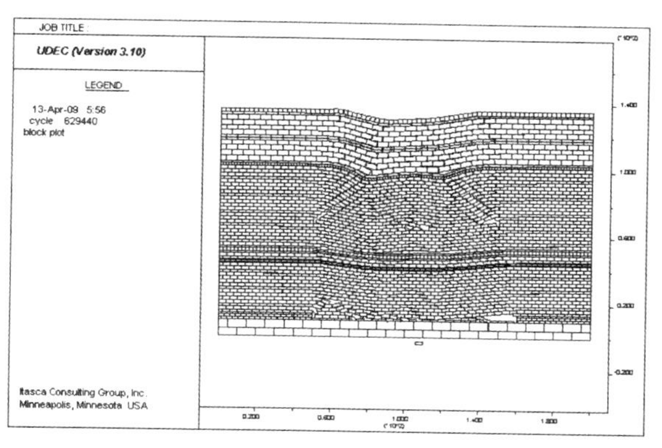

（h）$4^{-2上}$煤层工作面推进80 m

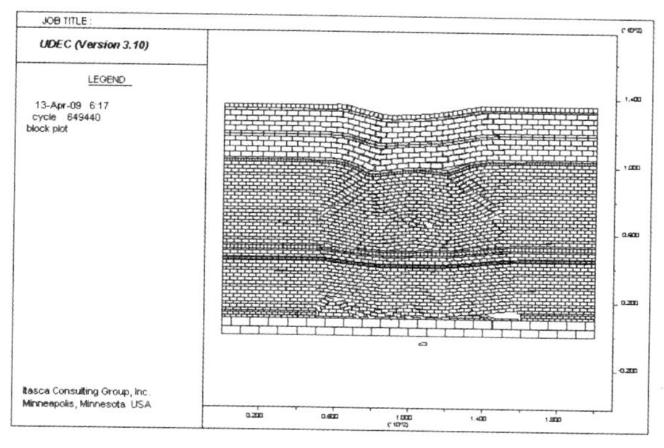

（i）$4^{-2上}$煤层工作面推进90 m

图 3-12(续)

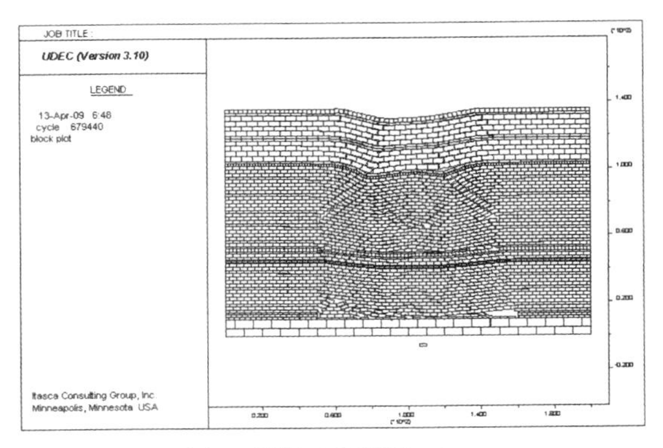

(j) $4^{-2上}$煤层工作面推进100 m

图 3-12(续)

从图 3-12 可以看出：

(1) 采完 3^{-2} 和 5^{-1} 煤层后再开采 $4^{-2上}$ 煤层时，由于其顶板和底板受到的采动影响都已经很大，发育裂隙完全贯通于整个采场，$4^{-2上}$ 煤层开采时，其直接顶和基本顶随采随垮，初次来压和周期来压步距都很小。

(2) 随着工作面不断推进，工作面上覆岩层的裂隙得到进一步发育，上覆岩层弯曲下沉量进一步增大。

(3) 上覆岩层受采动影响，不断压实，有的裂缝张开变大，而有的裂缝趋于闭合。主要的裂缝出现在采空区垂直上方靠两侧处，其原因主要是该地带处于拉应力区与压应力区的交接处，很容易发生破坏。

3.4.2.2 $4^{-2上}$ 煤层开采 y 方向位移云图

图 3-13 为开采 3^{-2} 煤层，接着开采 5^{-1} 煤层后再开采 $4^{-2上}$ 煤层时，采场及其附近 y 方向的位移场云图。

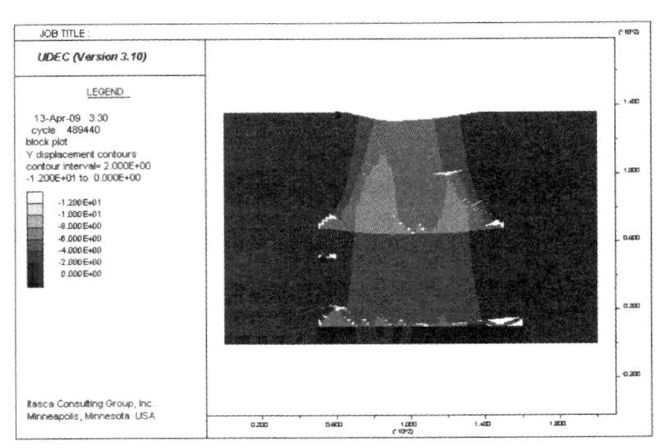

(a) $4^{-2上}$煤层工作面推进10 m

图 3-13 采用方案 2 时 $4^{-2上}$ 煤层开采 y 方向位移云图

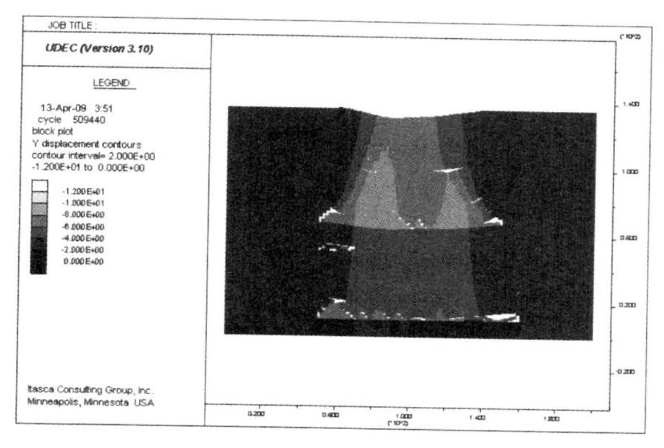

(b) $4^{-2上}$煤层工作面推进20 m

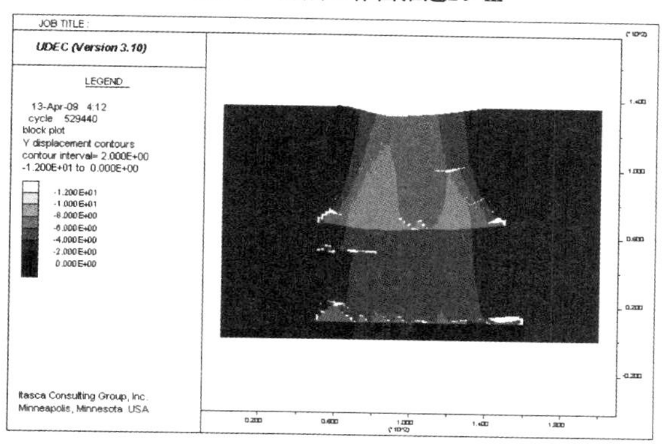

(c) $4^{-2上}$煤层工作面推进30 m

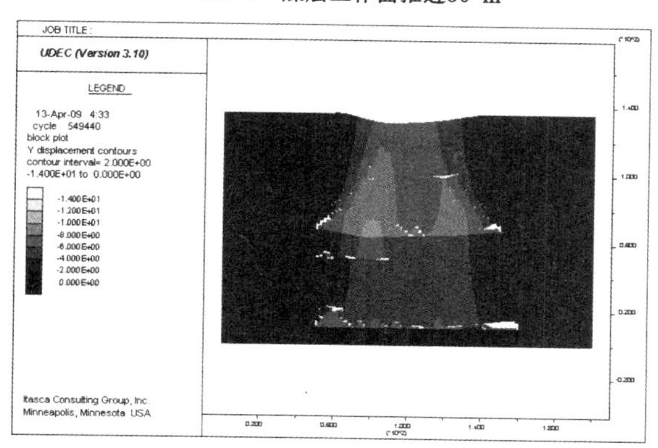

(d) $4^{-2上}$煤层工作面推进40 m

图 3-13(续)

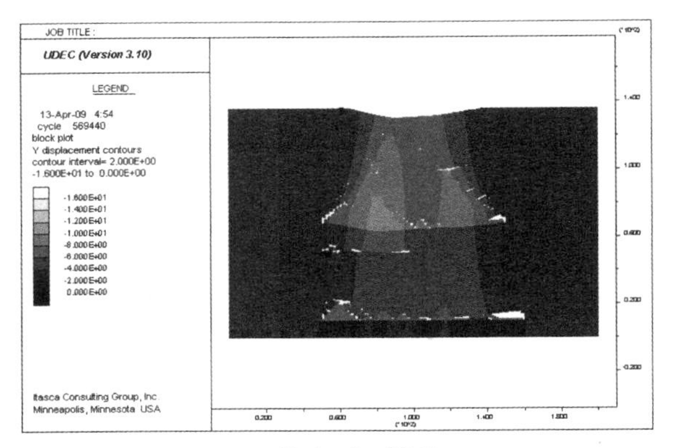

（e）$4^{-2上}$煤层工作面推进50 m

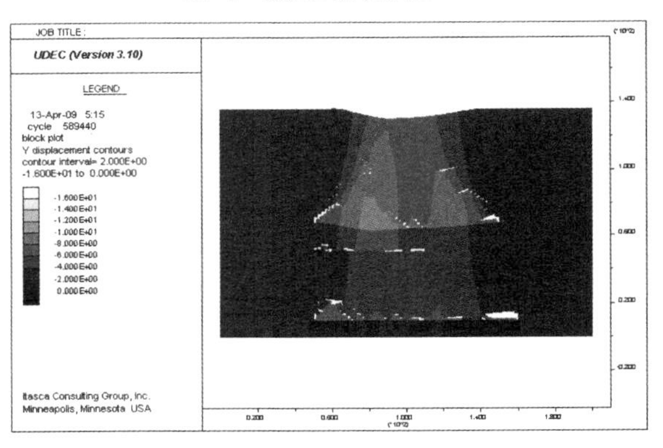

（f）$4^{-2上}$煤层工作面推进60 m

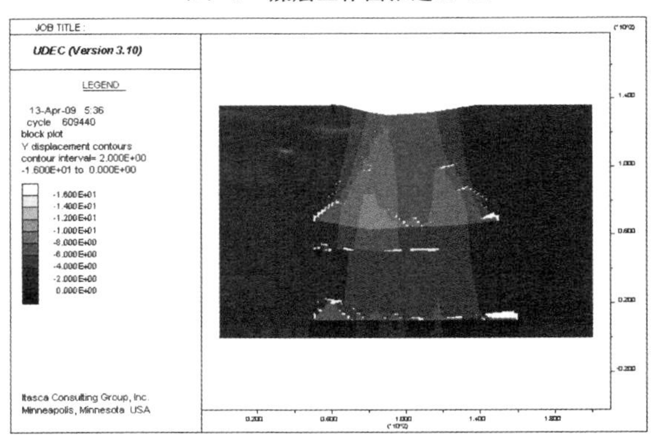

（g）$4^{-2上}$煤层工作面推进70 m

图 3-13(续)

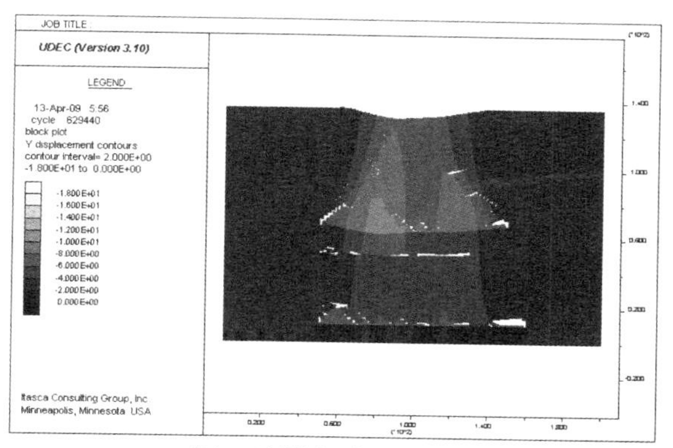

(h) 4$^{-2上}$煤层工作面推进80 m

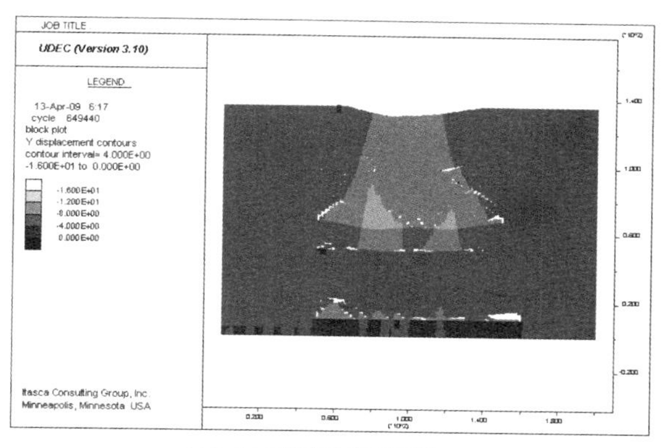

(i) 4$^{-2上}$煤层工作面推进90 m

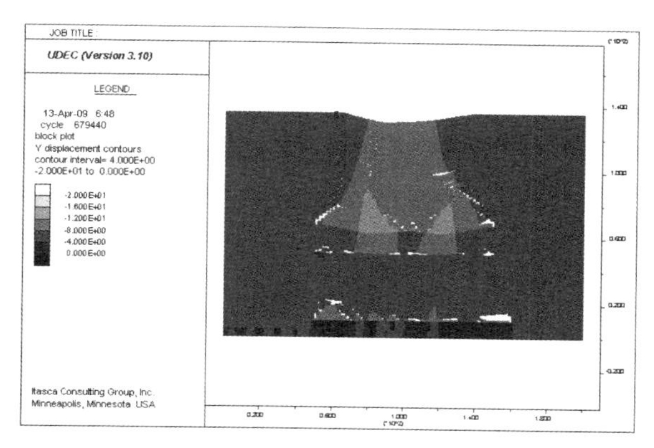

(j) 4$^{-2上}$煤层工作面推进100 m

图 3-13(续)

从图 3-13 可以看出：

(1) 工作面推进 30 m 范围内，开采对采场及其附近位移场的重新分布没有产生大的影响，推进到 40 m 左右时，由于上覆岩层运动与开采活动的相互影响，使得位移场出现新的集中区域，其位置在工作面上部。

(2) $4^{-2上}$煤层的开采，使上覆岩层的位移整体增加，地表的沉陷量也跟随工作面向前推进而不断变大，并且其最低谷始终伴随工作面推进而前移。煤层上方弯曲下沉带的 y 方向位移也整体变大。

(3) 数值模拟中记录了以下水平测线在工作面推进 100 m 时的 y 方向位移：测线 1，$4^{-2上}$煤层底板；测线 2，$4^{-2上}$煤层顶板；测线 3，3^{-2}煤层底板；测线 4，3^{-2}煤层顶板；测线 5，地表。各测线的布置起始位置为垂直于开切眼处的水平位置，得到距离开切眼水平距离 S' 位置的测点 y 方向位移，如图 3-14 和表 3-5 所示。

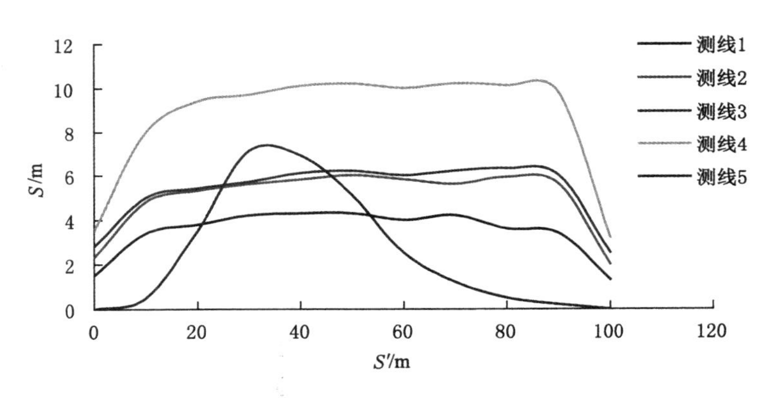

图 3-14　采用方案 2 时距开切眼水平距离 S' 处 y 方向位移

表 3-5　采用方案 2 时距开切眼水平距离 S' 处 y 方向位移　　单位：m

S'	0	10	20	30	40	50	60	70	80	90	100
$S_{测线1}$	1.5	3.4	3.8	4.2	4.3	4.3	4.0	4.2	3.6	3.4	1.3
$S_{测线2}$	2.3	4.8	5.3	5.6	5.8	6.0	5.8	5.6	5.9	5.6	2.0
$S_{测线3}$	2.8	5.0	5.4	5.7	6.1	6.2	6.0	6.2	6.3	6.0	2.5
$S_{测线4}$	3.5	8.0	9.4	9.7	10.1	10.2	10.0	10.2	10.1	9.8	3.2
$S_{测线5}$	0	0.5	3.5	7.1	6.9	5.1	2.5	1.2	0.5	0.2	0

由表 3-5 和图 3-14 可以直观地看出：

采空区对地表沉陷的影响范围始终保持在采场上方距切眼水平距离 10 m，

采空区对上覆岩层的 y 方向的位移影响是显著的，由于岩层受采动影响发生压实作用使最大位移大于各开采煤层的厚度之和。总体而言，上部岩层位移要比下部的大，位移呈向上递减的趋势。

通过模拟结果分析，可以得出如下结论：

(1) 在 3^{-2}煤层开采后，接着开采 5^{-1}煤层，然后开采 $4^{-2上}$煤层时，由于受 3^{-2}煤层和 5^{-1}煤层的采动影响，$4^{-2上}$煤层顶底板裂隙发育程度高，因此开采过程中，初次来压和周期来压都很小，初次来压和周期来压步距均小于 10 m。

(2) 采用方案 2 开采 $4^{-2上}$煤层时，采动过程中没有出现明显的“三带”，对采场的影响只表现为上覆岩层中的裂缝带进一步发育，以及上覆弯曲下沉的岩层进一步变形。

3.5　本章小结

本章采用离散元软件 UDEC 建立了针对 3^{-2}煤层开采和 $4^{-2上}$煤层开采的计算模型，并从数值计算中得到如下结论：

(1) 3^{-2}煤层开采过程中，冒落带高度为 10 m，与理论计算得到的 12.78 m 的冒高接近，裂隙带高度为 30 m，微小裂隙直达地表，弯曲下沉带高度为 40 m。初次来压步距为 15 m，周期来压步距为 5 m 左右。地表沉降量只有 20 cm 左右。

(2) 采用方案 1 开采 $4^{-2上}$煤层，即采完 3^{-2}煤层后直接开采 $4^{-2上}$煤层时，冒落现象不明显，裂缝带高度发育，与 3^{-2}煤层完全沟通，上覆岩层直到地表均受到 $4^{-2上}$煤层采动影响，导致裂隙发育严重，整个上覆岩层均处于裂隙与弯曲下沉共同作用的范围。初次来压步距为 40 m，但是周期来压步距比较小，为 4 m 左右。开采对地表影响较大，地表下沉从 3^{-2}煤层开采时的 20 cm 左右增大到 $4^{-2上}$煤层开采后的 2 m 左右。

(3) 采用方案 2 开采 $4^{-2上}$煤层时，由于受 3^{-2}煤层和 5^{-1}煤层的采动影响，$4^{-2上}$煤层顶底板裂隙发育程度高，因此开采过程中初次来压和周期来压都很小。开采 5^{-1}煤层后，$4^{-2上}$煤层整体弯曲变形，并且处于裂隙较为发育的区域，开采难度大幅增加。

因此，采完 3^{-2}煤层后，接着开采 5^{-1}煤层，最后开采 $4^{-2上}$煤层的方案，即上行开采是不可行的，应采完 3^{-2}煤层后，接着开采 $4^{-2上}$煤层，最后开采 5^{-1}煤层。

4　3^{-2}煤层房柱对$4^{-2上}$煤层开采的影响

4.1　煤柱失稳引起的冲击载荷对巷道的影响数值模拟分析

针对浅埋煤层埋深浅、基岩薄、上覆厚松散沙尘的特点，唐公沟煤矿已采3^{-2}煤层采用房柱式开采方法，在实现最大程度开采的同时，减小煤层采动对上覆岩层的影响，方便后续$4^{-2上}$煤层的开采。

$4^{-2上}$煤层掘巷过程引发的扰动可能会引起3^{-2}煤层中留设煤柱的失稳断裂，从而失去煤柱的支撑作用，可能引起3^{-2}煤层直接顶破断，冲击3^{-2}煤层的底板，将会对$4^{-2上}$煤层中掘进的煤巷产生极大的瞬时性冲击载荷，引发冲击矿压，对掘进工作带来破坏性的影响，带来无法挽回的损失。

本书针对上述可能发生的情况，运用大型有限元分析软件 Abaqus 建立模型，进行数值模拟，对可能发生的冲击矿压给出预测，可以为$4^{-2上}$煤层中的煤巷掘进工作提出建议。

4.1.1　通用大型有限元软件 Abaqus 简介

Abaqus 是一套功能强大的工程模拟有限元软件，可以解决从相对简单的线性分析到许多复杂的非线性问题。Abaqus 包括一个丰富的、可模拟任意几何形状的单元库，拥有各种类型的材料模型库，可以模拟典型工程材料的性能，包括金属、橡胶、高分子材料、复合材料、钢筋混凝土、可压缩超弹性泡沫材料以及土壤和岩石等地质材料。Abaqus 除了能解决大量结构（应力/位移）问题，还可以模拟如热传导、质量扩散、热电耦合分析、声学分析、岩土力学分析（流体渗透/应力耦合分析）及压电介质分析等广泛的工程领域问题。

Abaqus 采用最先进的有限元技术，可以分析复杂的固体力学、结构力学系统，能够解决非常庞大复杂的问题和模拟高度非线性问题，具有独特的系统级模型分析能力。Abaqus 不但可以做单一零件的力学和多物理场的分析，而且还可以做系统级的分析和研究。Abaqus 由于具有优秀的分析能力、模拟复杂系统的极度可靠性而在各国的工业和研究中被广泛采用。

4.1.2 数值模型概述

(1) 数值模型的建立

在垂直于煤巷掘进的方向取一截面,由于垂直于截面方向的位移相对于截面内的位移很小,可以忽略不计,整个模型可以视为平面应变模型。根据圣维南原理,模型取足够的边界,防止边界效应带来的应力集中影响。

取 180 m×100 m 的长方形区域,采用均匀网格,模型共划分 1.8 万个单元;模型下边界,y 方向位移为 0;左右边界,x 方向位移为 0;上边界为地表,即自由边界;初始应力取为重力载荷引起的原岩应力,煤巷尺寸取为 4 m×6 m,小煤柱宽度为 5 m,如图 4-1 和图 4-2 所示。

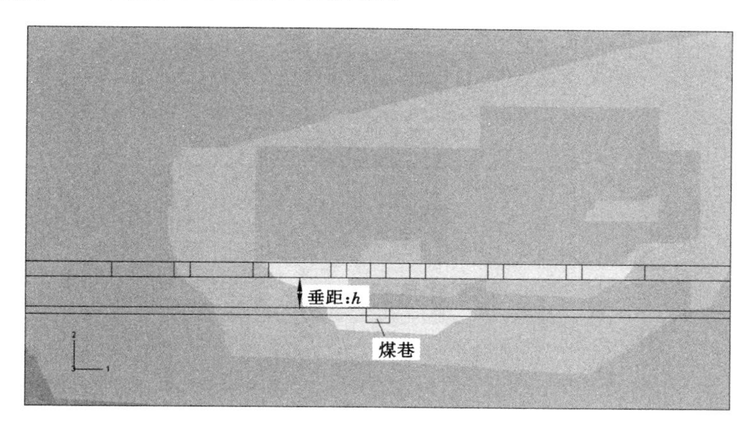

图 4-1 数值计算模型图

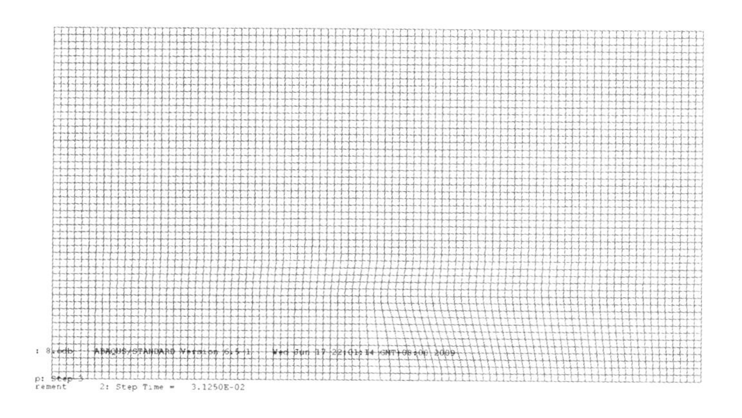

图 4-2 模型网格图

（2）模型力学参数

对唐公沟矿所取岩块进行试验，确定岩石的力学参数，再由已开采 3^{-2}煤层产生的力学现象，经数值模拟反演，得出岩体的力学参数用于后续数值计算，模型的力学参数如表 3-1 所列。开采工作面柱状图见图 4-3。力学模型图见图 4-4。

序号	岩层	柱状	厚度/m
1	砾石		2.5
2	砾岩		15
3	粉砂岩		15
4	3^{-1}煤		1.5
5	细砂岩		30
6	3^{-2}煤		4
7	细砂岩		15
8	$4^{-2\text{上}}$煤		2
9	粉砂岩		5.5
10	5^{-1}煤		1
11	泥岩		30
12	$6^{-1\text{上}}$煤		4.5
13	粉砂岩		10

图 4-3　开采工作面柱状图

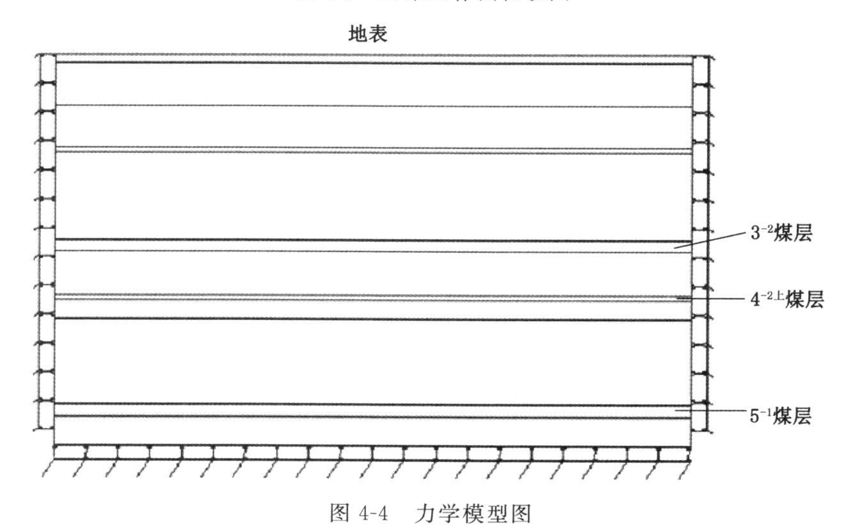

图 4-4　力学模型图

(3) 数值计算中参数的确定及理论的运用

数值计算中采取 Abaqus 自带的扩展的经典 Drucker-Prager 准则，其屈服面在 π 平面上不是圆形的，屈服面在子午面上包括线性模型、双曲线模型和指数模型。扩展的 Drucker-Prager 准则具有以下特点：① 适合用于模拟岩石材料屈服与围压有关的特点；② 允许材料硬化或者软化，通过分析，本模拟采用硬化模型；③ 考虑了材料的剪涨性；④ 屈服条件与第二主应力有关等。因此，该准则是较为适合的本构关系。

3^{-2}煤层采用房柱开采，煤房宽度的选取为实际开采中的数据。在理论计算中，煤房的合理跨度可以按梁的理论进行设计。在设计中，首先确定顶板岩梁所受的载荷。

① 岩梁所受载荷

顶板一般由一层以上的岩层组成，因此，在计算第一层岩层的极距跨度时所选用的载荷大小，应根据顶板上方各岩层之间的相互作用来确定。第 n 层对第一层综合影响形成的载荷$(W_n)_1$ 为：

$$(W_n)_1 = \frac{E_1 h_1{}^3(\gamma_1 h_1 + \gamma_2 h_2 + \cdots + \gamma_n h_n)}{E_1 h_1{}^3 + E_2 h_2{}^3 + \cdots + E_n h_n{}^3} \tag{4-1}$$

式中，E_i 为各岩层的弹性模量；h_i 为顶板各岩层的厚度；γ_i 为顶板各岩层的密度。

② 确定煤房宽度

由于 3^{-2}煤层埋深较浅，矿山压力小，煤柱对顶板的作用也小，岩梁可以按简支梁进行分析。取单位宽度的简支梁进行分析，则梁内一点 A 处的正应力和剪应力分布分别为

$$\sigma_x = \frac{12M_x y}{t^3} \tag{4-2}$$

$$\tau_{xy} = \frac{3V_x(t^2 - 4y^2)}{t^3} \tag{4-3}$$

式中，M_x 和 V_x 分别为 A 点所在截面的弯矩和剪力；y 为 A 点到中性轴的距离；t 为梁的厚度。

设岩梁的许用正应力和剪力为 σ_c 和 τ_c，抗拉和抗剪强度分别为 R_c 和 R_i，安全系数为 3，则由以上公式得到岩梁因拉而破坏的极限跨距为

$$L_1 = \sqrt{\frac{4t^2\sigma_c}{3W}} \tag{4-4}$$

岩梁因剪切而破坏的极限跨距为

$$L_2 = \frac{4t\tau_c}{3W} \tag{4-5}$$

代入唐公沟矿的实际参数进行计算，得到极限跨距为 8.56 m。

从以上的理论分析可知，唐公沟矿短壁开采时煤房宽度 5～8 m 是可行的，即煤柱在没有扰动的情况下可以稳定，即使出现塑性区，其仍具有支撑作用。以下进行的数值模拟的前提是可行的。

煤岩体应力值达到破坏强度后，可能没有立即破坏，而是维持一种不稳定的平衡状态，一旦遇到触发因素，例如掘进爆破、顶板破断来压、机械振动等动力扰动，就会导致不稳定平衡状态被打破，表现为局部煤柱的破断，从而引起顶板大面积失去支撑，进而引发顶板的断裂破断，顶板垮断冲击底板，产生极大的瞬间冲击载荷，可能引起下方掘进中的煤巷发生冲击矿压，对安全生产构成威胁。

③ 尖点突变理论

冲击矿压具有突发性、瞬时震动性和巨大破坏性，是一个不连续的突变过程，所以不能采用传统的连续性理论和方法来研究。而突变理论是研究客观世界非连续性现象的一种新的数学理论，该理论提出 30 多年以来，已被广泛应用于各个领域。用该理论来研究突变问题，不仅在数学分析上要深刻一些，而且还可以得到一些新的有意义的结果。1976 年，Henley 曾提出了突变理论在地学中应用的一些方向，如火山爆发、相变、浊流和断层运动等。Cuhitt 和 Shaw 用突变理论定性地解释了沉积过程。突变理论在矿山开采领域特别是在冲击矿压方面的研究和应用也较为广泛。尹光志、李贺应用突变理论研究了在水平力和垂直力作用下煤岩体的稳定性问题，得出了在水平力和垂直力控制空间中使系统失稳的分叉集，并分析了由于它们的变化而导致煤岩体状态突变的过程。

突变理论认为：在系统临界点附近，控制参数的微小改变可以从根本上改变系统的结构和功能性质；临界值对系统性质的改变具有根本的意义；当控制参数超过临界值时，系统就会失去稳定从一种平衡状态经某一非平衡状态过渡到另一平衡状态，即在临界点附近，很可能出现巨大的涨落，导致系统发生宏观的巨变。尖点突变模型是突变理论中最简单最常用的模型如图 4-5 所示。

它将系统中所有的影响因素归结为两个控制变量，将系统稳定的评价结果采用一个状态变量来表示。尖点突变模型势函数的正则形式可表达为

$$V(x)=\frac{1}{4}x^4+\frac{1}{2}\mu x^2+vx \tag{4-6}$$

式中，x 为状态变量；μ，v 为控制变量。

对 $V(x)$ 求一阶导数，得到平衡曲面 M 的方程为

$$\frac{\mathrm{d}V(x)}{\mathrm{d}x}=x^3+\mu x+v=0 \tag{4-7}$$

在图 4-5(a)曲面的中叶 $\frac{\mathrm{d}^2V(x)}{\mathrm{d}x^2}<0$，势能函数取极大值，平衡状态是非稳定

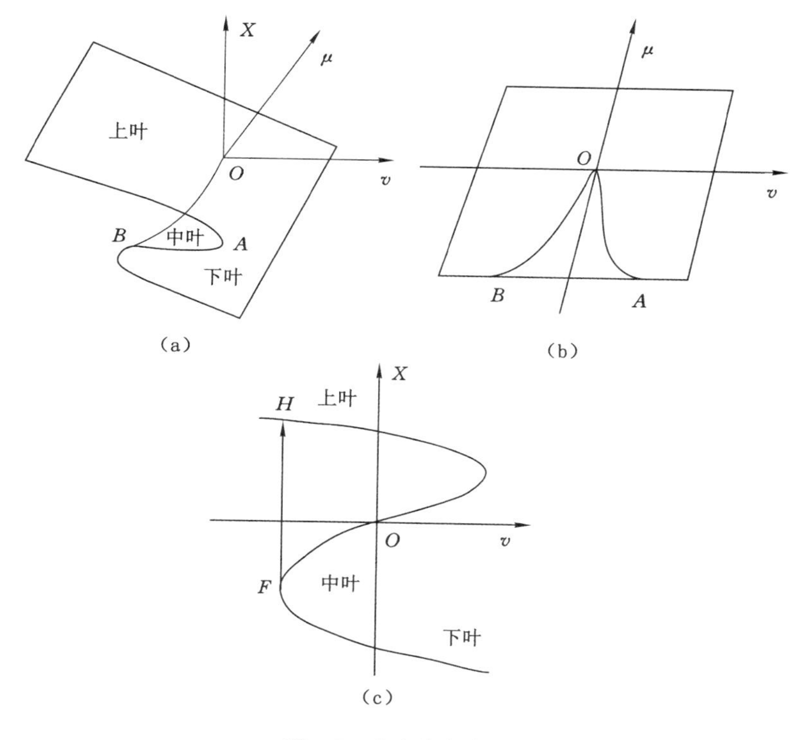

图 4-5　尖点突变模型

的;在曲面上叶和下叶上$\frac{d^2V(x)}{dx^2}>0$时,势能函数取极小值,则平衡状态是稳定的。在曲面上叶和下叶与中叶的交界即OA、OB边界,$\frac{d^2V(x)}{dx^2}=0$,即为临界状态,如图 4-5(b)所示,系统处于临界状态时所满足的分叉集方程为

$$4\mu^3+27v^2=0 \tag{4-8}$$

当系统状态处于曲面下叶时,系统平衡状态是稳定的,随着外界的进一步作用,系统平衡点转移到折痕上,对应于系统临界平衡状态。在微小扰动下由折痕位置转移到中叶上,而中叶是非稳定的,系统状态必然跃迁到对应的上叶,从而导致系统突变失稳。

(4) 数值计算方案及目标

唐公沟煤矿3^{-2}煤层和$4^{-2上}$煤层中间有一层细砂岩,根据地质勘探结果分析,3^{-2}煤层与$4^{-2上}$煤层间距为 7.49～21.85 m,平均在 15 m 左右。对于煤巷掘进引起煤柱失稳,从而带来的3^{-2}煤层基本顶断裂冲击煤层底板,产生的冲击载

荷 p 是否会造成 $4^{-2上}$ 煤层中掘进巷道大面积垮冒，两个煤层间的垂距 h 会有较大的影响。同时，冲击载荷 p 冲击部位距离煤巷的水平距离 L 也是值得关注的。

针对唐公沟矿煤层开采实际情况，数值模型计算的具体方案如下：

① 针对已采 3^{-2} 煤层的现场观测及数据，运用 Abaqus 建立模型，对 3^{-2} 煤层进行短壁开采模拟，得到短壁开采后的应力场，为后续煤巷掘进提供参考。

② 在 $4^{-2上}$ 煤层中进行巷道掘进，巷道沿底板布置，$4^{-2上}$ 煤层与 3^{-2} 煤层的垂距分别取 $h=2$ m、6 m、10 m、12 m、16 m，得到煤巷掘进后煤柱失稳前的应力场，为后续的冲击载荷对煤巷的影响做预处理。

③ $4^{-2上}$ 煤层与 3^{-2} 煤层的垂距取 $h=2$ m、6 m、10 m、12 m、16 m，模拟冲击载荷作用于煤巷上方的情况。

④ 取冲击载荷距离巷道中心线水平距离 $L=1.25$ m、3.75 m、6.25 m、8.75 m、11.25 m、13.75 m，模拟冲击载荷作用于煤巷上方的情况。

数值计算的目标如下：

① 由煤巷布置在不同垂距位置时的应力场分布情况，得到煤巷掘进中需要采取的措施，从而有效进行必要的支护，防止冲击载荷发生情况下对巷道造成巨大影响。

② 根据不同垂距 h 和煤巷在冲击载荷 p 作用下的响应，得出不同位置煤巷受冲击载荷影响的程度及煤巷被冲击载荷击穿的条件。

③ 根据不同水平距离 L 和煤巷在冲击载荷 p 作用下的响应，得出不同位置煤巷冲击载荷影响的程度，确定煤巷掘进中的注意事项。

④ 在不同冲击载荷峰值条件下，考察巷道围岩最大等效塑性应变响应，得出冲击载荷对巷道的影响随冲击载荷峰值的变化规律。

4.1.3 煤柱失稳前应力场的分布

(1) 煤柱失稳前 y 方向应力分布

图 4-6 为煤柱失稳前整个采场 y 方向的应力分布图。由图可知，在小煤柱支撑的上下方较大区域内为应力释放区，应力向采空区两侧的煤体转移，采空区两侧较大区域为应力集中区域，其应力最高的区域应力值为应力最低区域的近 30 倍。煤巷布置于图中所示位置处，为应力释放区域，如果不发生任何的冲击载荷现象，巷道在这个位置是最为安全的。

表 4-1 为距采空区垂直距离 h 处，即巷道顶板位置的 y 方向应力情况。

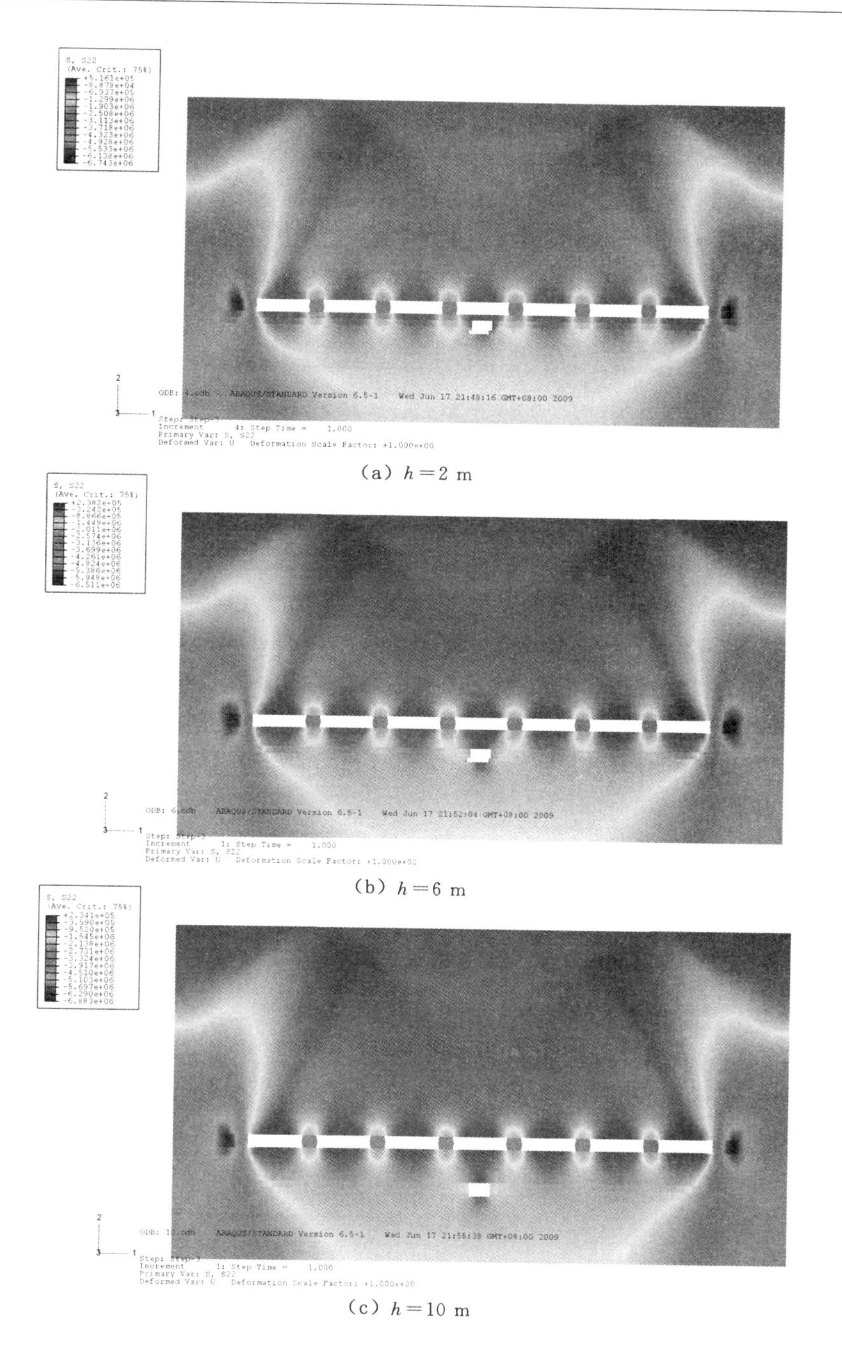

(a) $h=2$ m

(b) $h=6$ m

(c) $h=10$ m

图 4-6　煤柱失稳前 y 方向应力分布

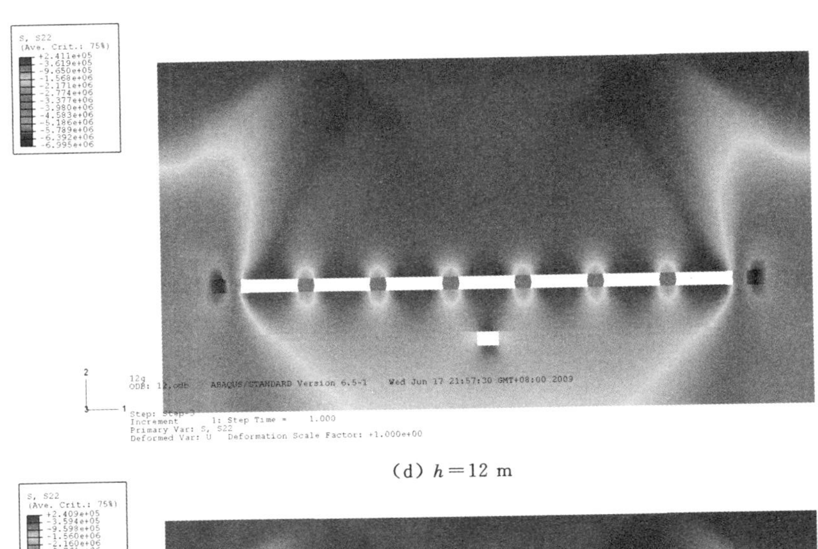

(d) $h=12$ m

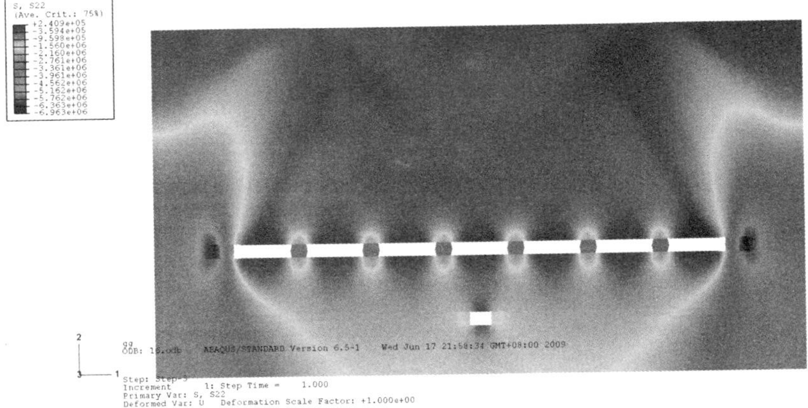

(e) $h=16$ m

图 4-6(续)

表 4-1　距采空区垂直距离 h 处的 y 方向应力

h/m	2	6	10	12	16
σ_y/MPa	0.102 248	0.089 888 3	0.298 012	0.337 938	0.334 087

从表中数据可知，此时巷道顶板处 y 方向应力值较小。由表 4-1 作出图 4-7，从图 4-7 可以看出，在垂距 h 小于 6 m 时，巷道顶板处 y 方向的应力场处于卸压区，随 h 的增大，σ_y 反而是减小的，即受小煤柱附近应力集中影响随 h 增大 σ_y 减小；在垂距 h 大于 10 m 后，巷道顶板处 y 方向的应力场趋于原岩应力

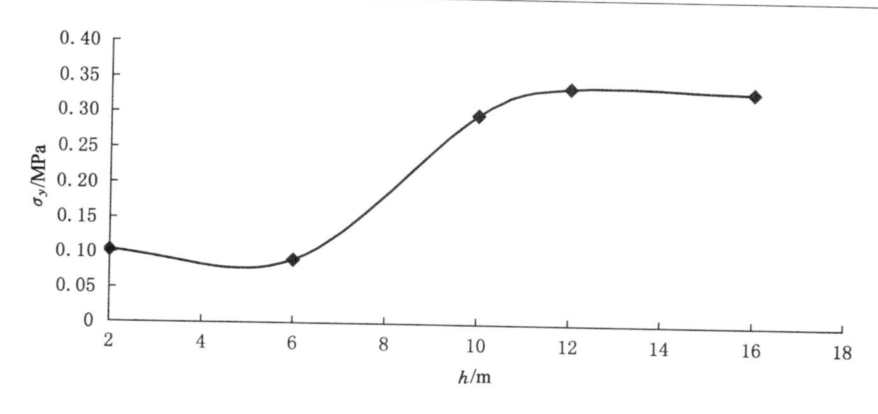

图 4-7 距采空区垂直距离 h 处的 y 方向应力

场，即处于稳定状态。卸压区 σ_y 的值只有原岩应力场的 30%，在没有其他因素影响的情况下，巷道布置在卸压区时，变形会很小，但是并不代表巷道布置离采空区越近越好，还需综合考虑其他因素的影响。

(2) 煤柱失稳前有效应力 mises 分布

图 4-8 为煤柱失稳前采场的 mises 应力分布，即有效应力，可以表征当材料 mises 应力达到某一值时即为屈服，可以很好地解释和预示材料的屈服趋势。采场的 mises 应力在采空区上下方附近区域为总体卸压、局部应力集中，其应力集中主要是由小煤柱引起的。采场两侧的煤体 mises 应力最高，应力最为集中，达到 4 MPa 左右，巷道附近的 mises 应力为 1～2 MPa。

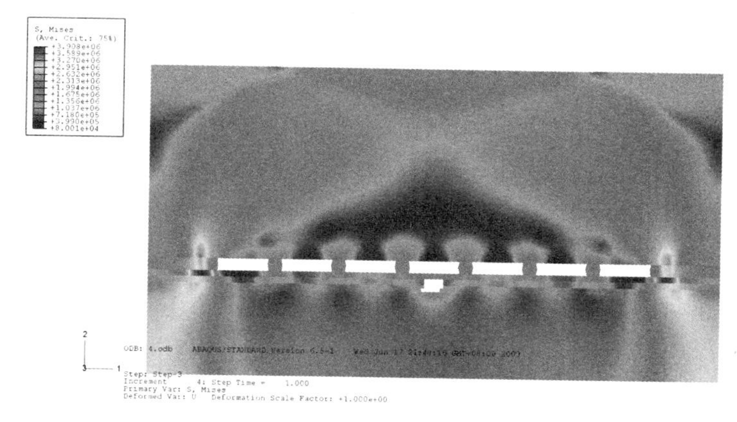

(a) $h=2$ m

图 4-8 煤柱失稳前 mises 应力分布

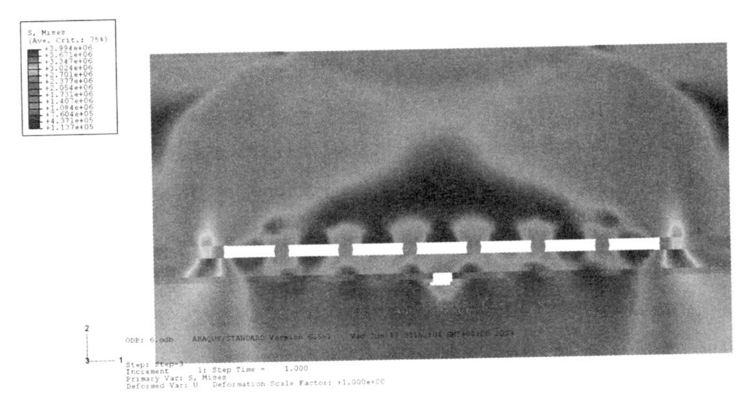

(b) $h=6$ m

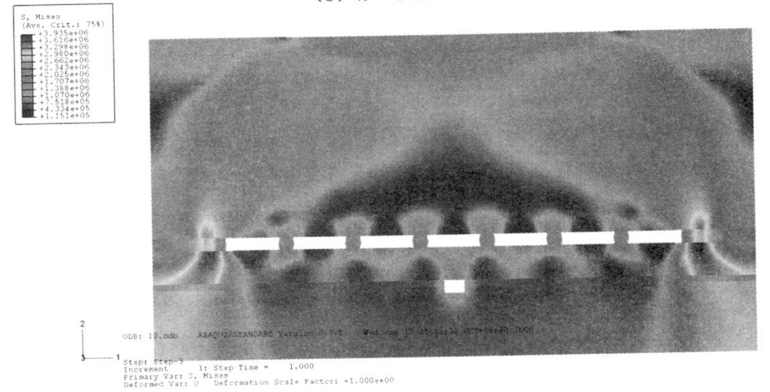

(c) $h=10$ m

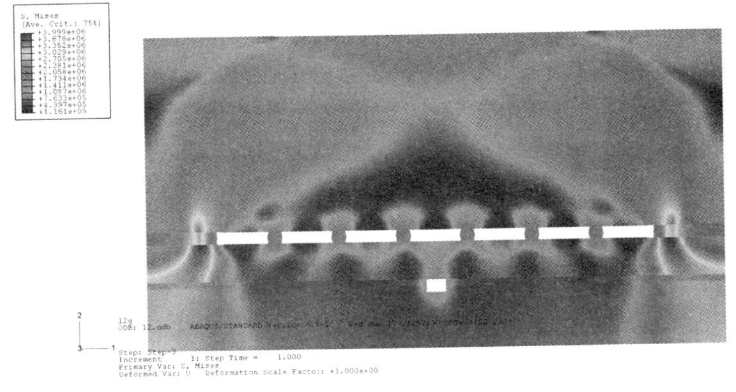

(d) $h=12$ m

图 4-8(续)

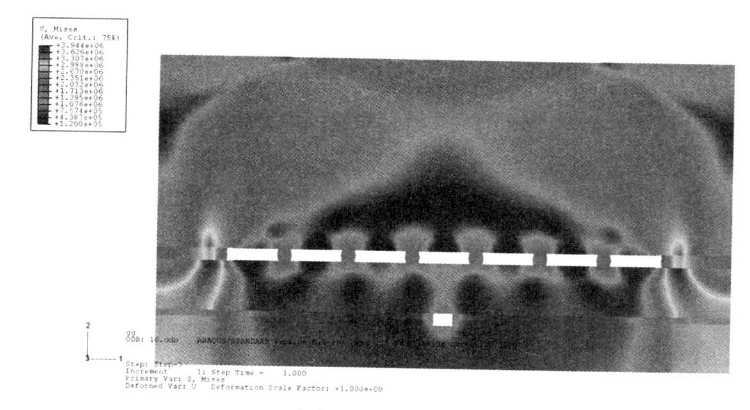

(e) h=16 m

图 4-8(续)

随着距采空区垂直距离 h 变化,巷道顶板处为巷道周围 mises 应力最大的区域,其变化如表 4-2 所列,可以看到,随着垂距 h 增大,σ_{mises}不断减小。当垂距从 2 m 变化到 16 m 的过程中,巷道顶板处最大 mises 应力减小了 0.55 MPa,减小幅度为 25%。从这个角度而言,布置巷道位置距离采空区越远,巷道周围材料屈服的可能性越小,但是,实际情况中必须考虑岩层分布的情况。此处,煤巷的掘进位置是确定的,只是对应不同地理位置时,$4^{-2上}$煤层与 3^{-2}煤层的垂距 h 不同。因此,mises 应力分布情况,可以为巷道位置的确定及巷道掘进时需要采取的支护方式和注意事项提供参考。

表 4-2　距采空区垂直距离 h 处的 mises 应力

h/m	2	6	10	12	16
σ_{mises}/MPa	2.101 54	2.059 35	1.874 49	1.787 03	1.547 13

由表 4-2 作出图 4-9,从图 4-9 可以看到随着垂距 h 的增大,巷道附近 σ_{mises}最大值的下降趋势十分明显,当垂距 h 大于 6 m 后,σ_{mises}的下降趋势几乎为线性变化。

4.1.4　冲击载荷对巷道影响规律

(1) 冲击载荷对巷道的影响随垂距 h 的变化规律

由于 3^{-2}煤层下方煤巷掘进过程中的爆破或者机械振动等扰动的影响,可能引起 3^{-2}煤层中小煤柱的失稳。此处,根据唐公沟煤矿实际情况,3^{-2}煤层和

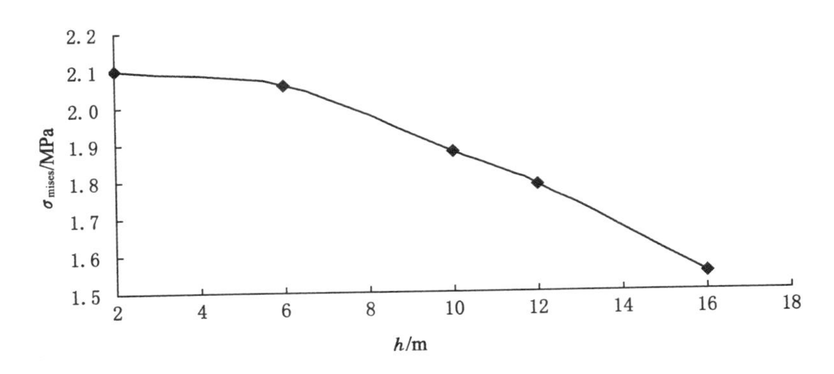

图 4-9 距采空区垂直距离 h 处的 mises 应力

$4^{-2上}$煤层间的细砂岩平均厚度为 15 m，模拟中取垂距 h=2 m、4 m、6 m、10 m、12 m、16 m，比较不同垂距时，巷道对冲击载荷的响应。

整个冲击的过程为一个瞬态动力学问题，这里假设整个过程在 0.02 s 时间内完成，峰值点处的 p_{max}=6 MPa。

为判别巷道是否在冲击载荷的作用下响应明显，从而发生可能的冲击矿压，这里从应变累计的角度来判断，在 Abaqus 中，等效塑性应变 ε_{peeq} 可以很好地判别材料的塑性以及破坏程度。图 4-10 为不同垂距时，巷道附近区域的等效塑性应变云图。

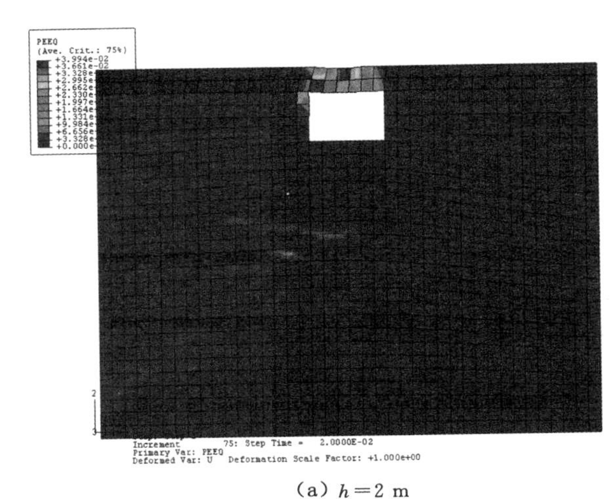

(a) h=2 m

图 4-10 不同垂距 h 时的等效塑性应变云图

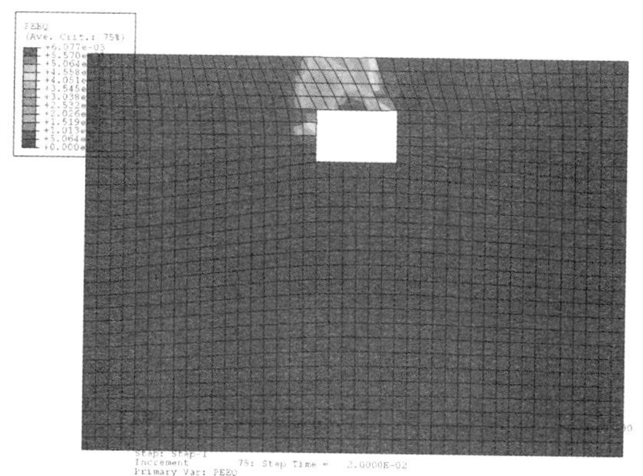

(b) $h=4$ m

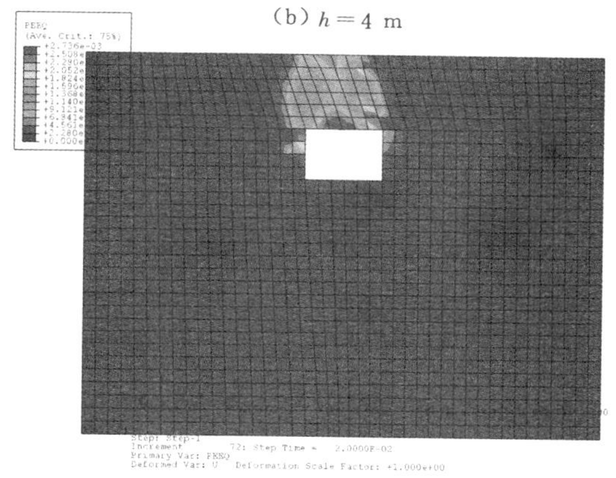

(c) $h=6$ m

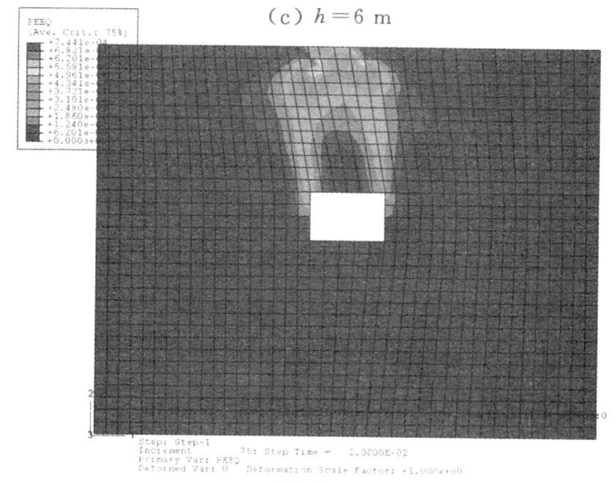

(d) $h=10$ m

图 4-10(续)

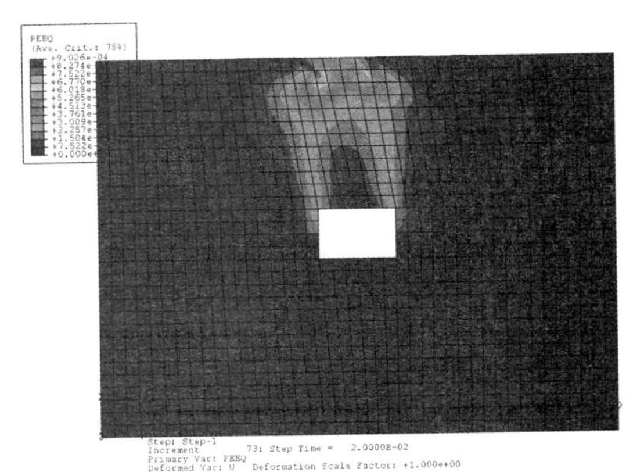

(e) h=12 m

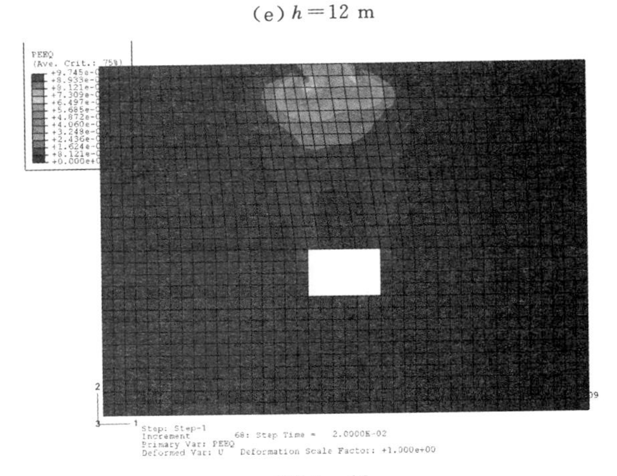

(f) h=16 m

图 4-10(续)

从图 4-10 中的等效塑性应变云图可以看出，在冲击载荷作用下，巷道顶板等效塑性应变很大，随着垂距 h 的不断增大，冲击载荷对煤巷的影响逐渐变小。

表 4-3 为不同垂距 h 所对应的煤巷周围最大等效塑性应变的值。

表 4-3 不同垂距 h 时煤巷周围最大等效塑性应变

h/m	2	4	6	10	12	16
ε_{peeq}/mm	17.285 600	5.875 430	2.736 360	0.291 086	0.264 860	0.151 030

从表 4-3 可以看出，在垂距为 2 m 时，等效塑性应变与其他垂距所对应的等效塑性应变相比较十分大，是垂距为 4 m 时的近 3 倍，当垂距达到 6 m 以后，等效塑性应变急剧减小，并且 ε_{peeq} 随着垂距增大而不断减小，但减小的趋势变缓。

由表 4-3 作出图 4-11，可以看出，在 $h<6$ m 时，等效塑性应变随着 h 的增大，迅速减小；当 $h>6$ m 时，等效塑性应变保持一个较小的值，并且随着 h 的增大缓慢减小。这说明，在 $h<6$ m 时，极有可能因为冲击载荷的作用导致 $4^{-2上}$ 煤层中掘进的煤巷发生失稳，产生冲击矿压，而在 $h>6$ m 之后，煤巷的掘进工作相对较为安全，因为煤柱失稳导致的采空区顶板断裂冲击底板而引发的煤巷冲击矿压事故可能性较小。

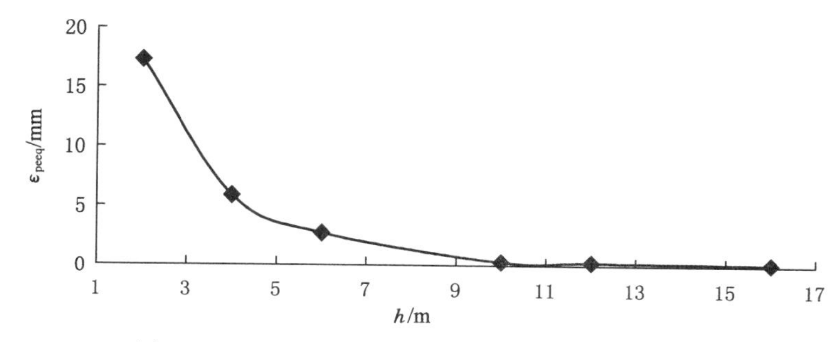

图 4-11　不同垂距 h 时煤巷周围最大等效塑性应变

（2）冲击载荷对巷道的影响随水平距离 L 的变化规律

$3^{-2上}$ 煤层中小煤柱失稳而导致顶板断裂冲击底板，从而影响 $4^{-2上}$ 煤层中掘进的巷道，然而，冲击引起的冲击载荷所在位置与巷道的水平距离 L 对于巷道在冲击载荷下的响应也是极为重要的因素。下面以垂距 $h=6$ m 时的情况为例，取水平距离 $L=1.25$ m、3.75 m、6.25 m、8.75 m、11.25 m、13.75 m，分别进行模拟分析。图 4-12 为不同水平距离 L 时对应的等效塑性应变云图。

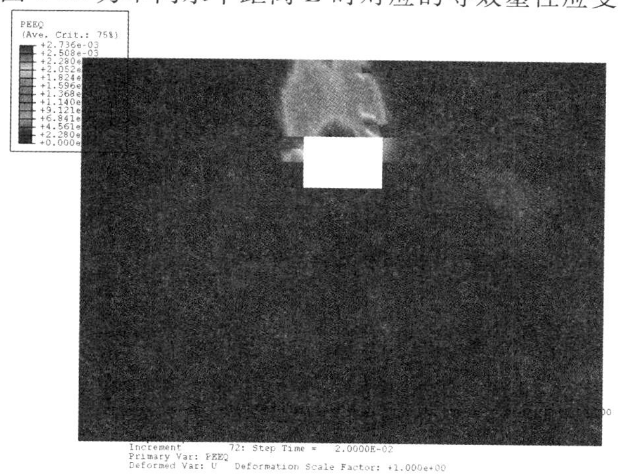

(a) $L=1.25$ m

图 4-12　不同水平距离 L 时的等效塑性应变云图

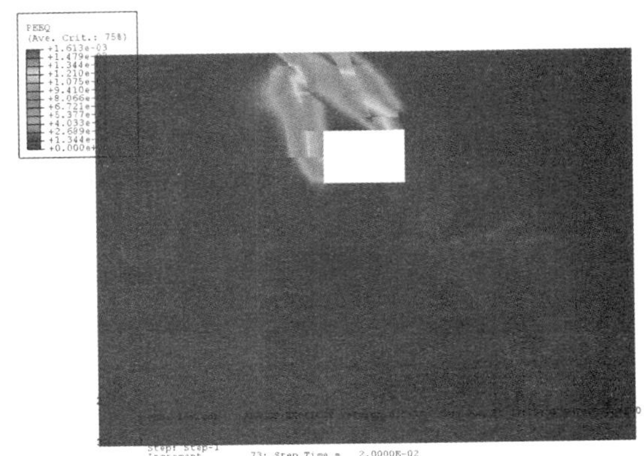

(b) $L=3.75$ m

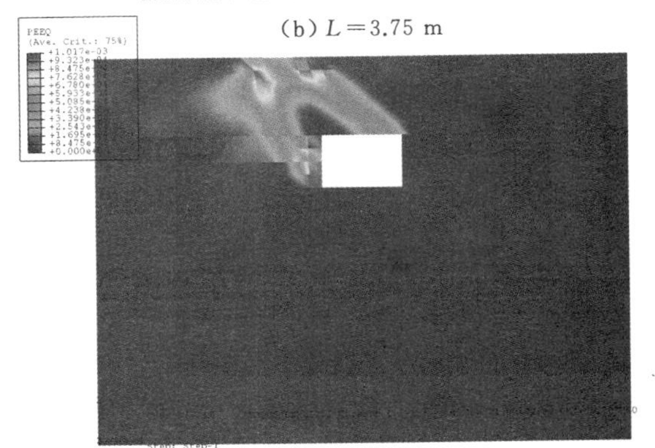

(c) $L=6.25$ m

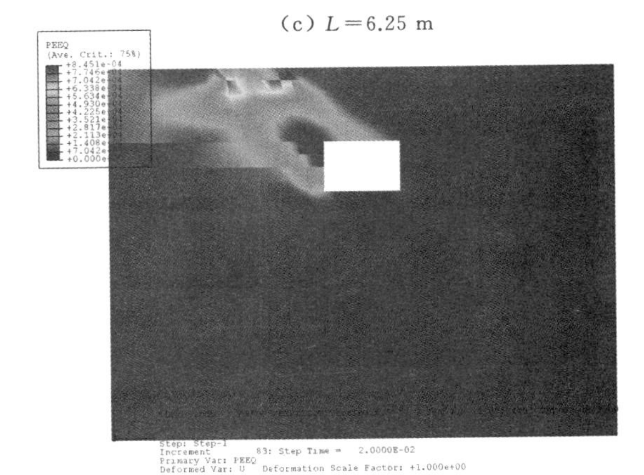

(d) $L=8.75$ m

图 4-12(续)

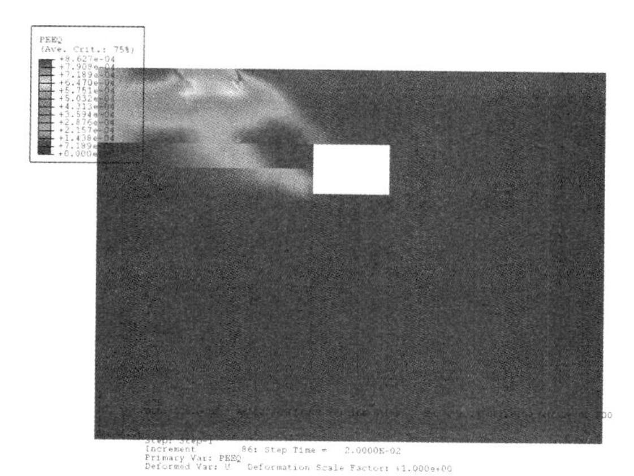

(e) $L=11.25$ m

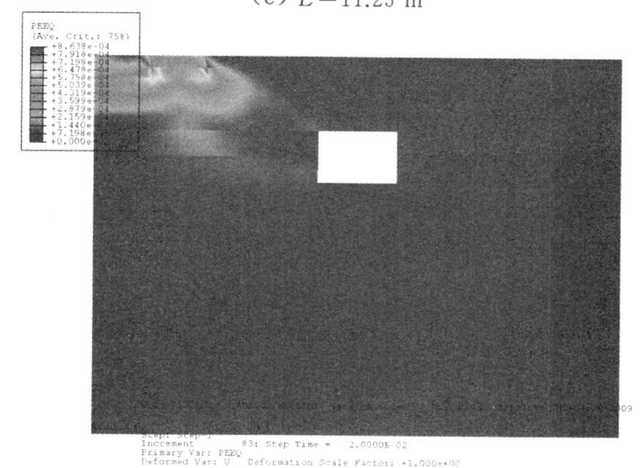

(f) $L=13.75$ m

图 4-12(续)

从图 4-12 可以看出,随着水平距离 L 的增大,巷道周围的等效塑性应变减小,等效塑性应变较大的区域从原先的顶板区域逐渐转移到左帮的位置,靠近冲击载荷的位置。巷道周围的等效塑性应变最大值如表 4-4 所列。

表 4-4　不同水平距离 L 时煤巷周围最大等效塑性应变

L/m	1.25	3.75	6.25	8.75	11.25	13.75
ε_{peeq}/mm	2.736 360	1.566 040	0.935 456	0.513 455	0.288 763	0.163 088

从表 4-4 可以看出,随着冲击载荷作用位置距离煤巷中心线水平距离 L 的增大,煤巷周围等效塑性应变最大值不断减小,在 $L=11.25$ m 时,巷道周围的等效塑性应变最大值只有 $L=1.25$ m 时的 10%左右。这说明冲击载荷所在的

位置对巷道稳定性的影响是比较明显的。由表 4-4 作出图 4-13，可以看出，4^{-2}上煤层中煤巷附近最大塑性应变最大值随水平距离 L 的增大而不断减小，其曲率随着水平距离 L 的增大而不断减小，即等效塑性应变的减小速度小于水平距离 L 的增大速度。

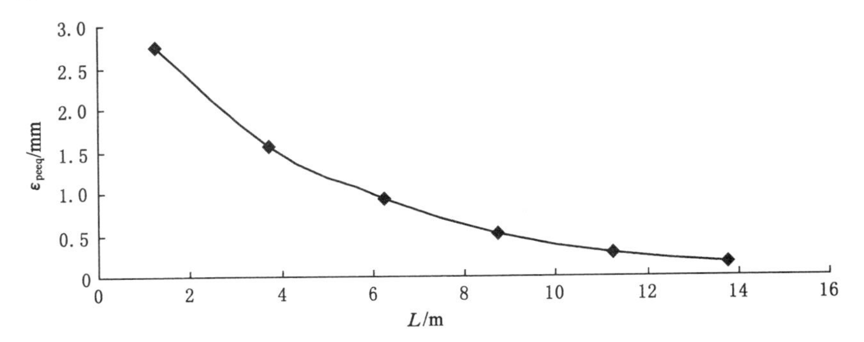

图 4-13　不同水平距离 L 时煤巷周围最大等效塑性应变

通过模拟结果分析可知，冲击载荷所在位置距离煤巷的水平距离越远，煤巷因为冲击载荷影响而发生冲击失稳的可能性越小。

(3) 冲击载荷对巷道的影响随载荷峰值的变化规律

冲击载荷峰值对巷道的稳定性起着至关重要的作用，通过冲击载荷对巷道的影响随垂距 h 的变化规律的研究，我们已经得出，当垂距达到 6 m 以后，等效塑性应变急剧减小。这里选取垂距为 6 m 作为特征参考位置，分别选取冲击载荷峰值 p_{max}分别为 4 MPa、6 MPa、8 MPa、10 MPa、14 MPa、20 MPa，考察巷道围岩最大等效塑性应变的响应。图 4-14 为不同载荷峰值力作用下，巷道围岩的等效塑性应变分布云图。

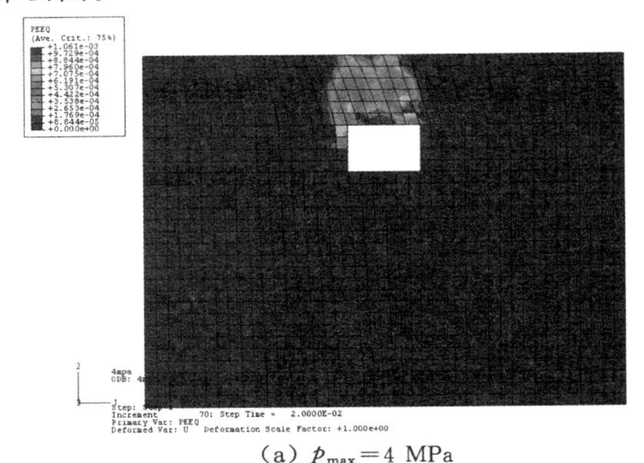

(a) $p_{max}=4$ MPa

图 4-14　不同载荷峰值作用下塑性应变分布云图

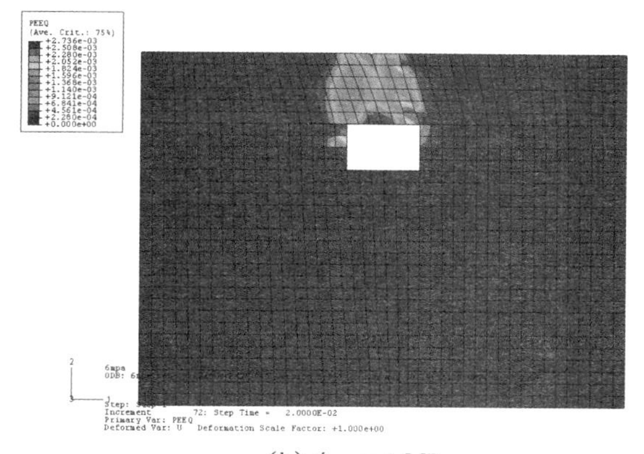

(b) $p_{max}=6$ MPa

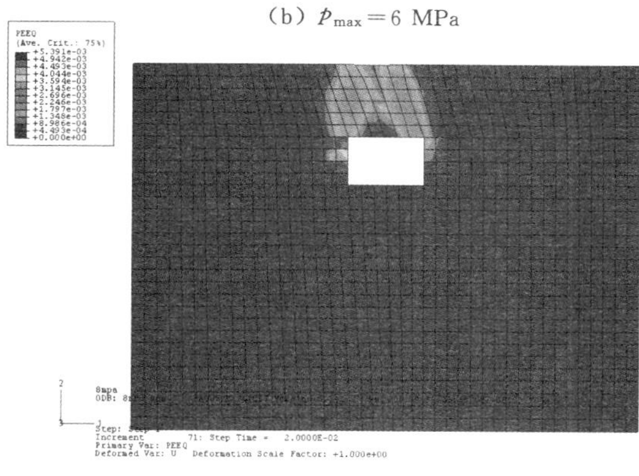

(c) $p_{max}=8$ MPa

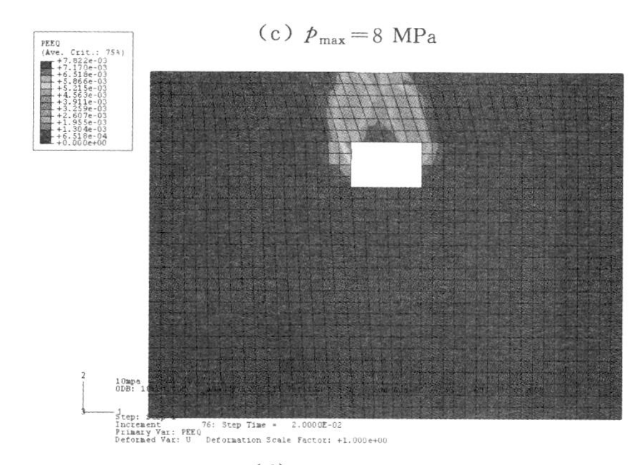

(d) $p_{max}=10$ MPa

图 4-14(续)

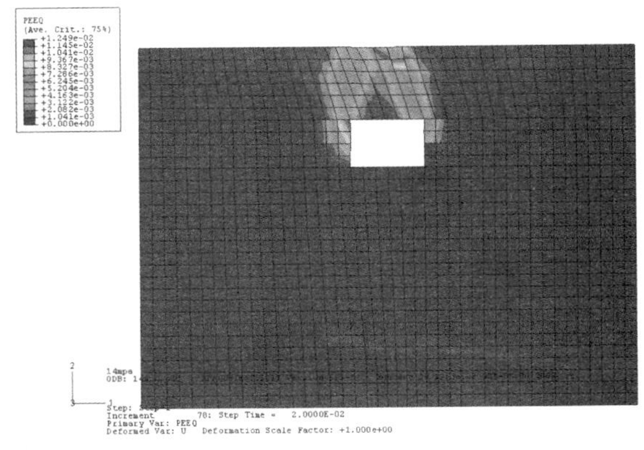

(e) p_{max} =14 MPa

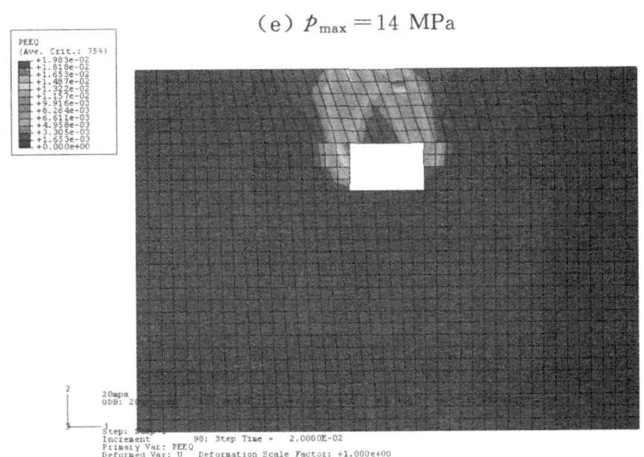

(f) p_{max} =20 MPa

图 4-14(续)

由图 4-14 可以看出,随着载荷峰值的增加,巷道围岩塑性范围有所增加,当载荷峰值为 8 MPa 时,巷道帮部塑性加大,当载荷峰值达到 20 MPa 时,表现得更为明显,此时可能会出现巷道顶板及帮部同时受到冲击的现象。巷道围岩的等效塑性应变最大值如表 4-5 所示。根据表 4-5 作出图 4-15。

表 4-5 不同载荷峰值 p_{max} 时煤巷周围最大等效塑性应变

p_{max}/MPa	4	6	8	10	14	20
ε_{peeq}/mm	1.061 31	2.736 36	5.391 36	7.822 00	12.489 90	19.832 90

由表 4-5 和图 4-15 可以看出,巷道围岩最大塑性应变随着载荷峰值的增加而不断增大,载荷峰值由 4 MPa 变化到 20 MPa 的过程中,围岩最大塑性应变增

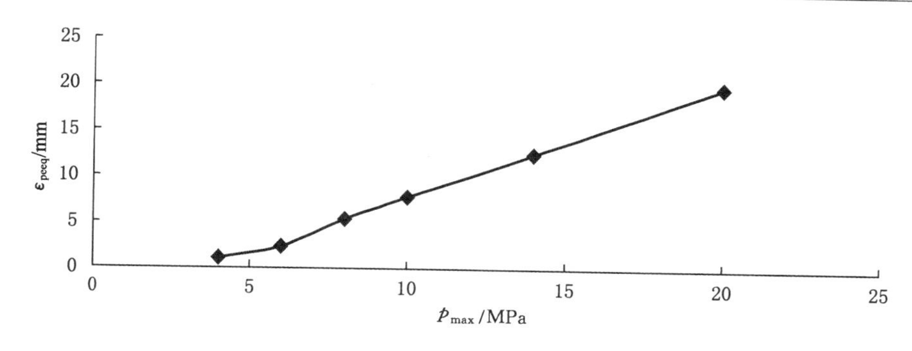

图 4-15　最大塑性应变随载荷峰值的变化

加到起始值 1.061 31 mm 的 18.68 倍。可见，载荷峰值的增加使得巷道围岩发生冲击失稳的可能性增大。

4.2　采动引起的上煤层小煤柱骨牌式失稳数值模拟分析

针对浅埋煤层埋深浅、基岩薄、上覆厚松散沙尘的特点，唐公沟煤矿 3^{-2} 煤层采用房柱式开采，以减小上煤层采动对上覆岩层的影响，方便后续的 $4^{-2上}$ 煤层的开采。

在 $4^{-2上}$ 煤层工作面推进过程中，采场的应力和位移场重新分布，这种扰动可能引起 3^{-2} 煤层部分小煤柱的失稳破坏，而部分小煤柱破坏又可能会引起其他小煤柱的连环失稳，从而可能引起 3^{-2} 煤层顶板大面积失去支撑，发生断裂后的大面积坍塌，对底板造成巨大冲击，从而对下面推进中的 $4^{-2上}$ 煤层工作面产生巨大冲击载荷，引起液压支架断裂，发生重大的煤矿事故。

本书针对上述可能发生的情况，为预防巨大冲击载荷的出现，需要对小煤柱骨牌式失稳方式进行研究，利用现有的煤柱失稳的“顶板-煤柱-底板”系统结构模型，从理论的角度分析煤柱失稳产生骨牌效应的可能性；运用离散元分析软件 UDEC 建立模型，进行数值模拟，对可能发生的小煤柱骨牌式失稳现象进行研究。

4.2.1　通用离散元程序 UDEC 简介

通用离散元程序（UDEC）是一个处理不连续介质的二维离散元程序。UDEC 用于模拟非连续介质（如岩体中的节理裂隙等）承受静载或动载作用下的响应。非连续介质是通过离散的块体集合体加以表示。将不连续面处理为块体间的边界面，允许块体沿不连续面发生较大位移和转动。块体可以是刚体或变形体。变形块体被划分成有限个单元网格,且每一单元根据给定的"应力-应变"准则,表现为线性或非线性特性。不连续面发生法向和切向的相对运动也由线性或非线性"力-位移"的关系控制。在 UDEC 中,为完整块体和不连续面开发了几种材料特性模型,用来模拟不连续地质界面可能显现的典型特性。UDEC 基于拉格朗日算法能够很好地模拟块体系统的变形和大位移。

UDEC 作为一个计算设计工具,应用上仍受到一定的限制,但其程序较适用于研究节理效应的潜在破坏机理。节理岩体特性是一个"有限数据系统",即在很大程度上内部结构和应力状态是未知的。因此,建立一个完备的节理模型是不可能的。而且,UDEC 是一个二维程序,除了特殊情况外,不可能表征具有三维结构的节理模型。不过,应用 UDEC 程序可以从现象学的角度研究节理岩体地下工程开挖响应,该方法可加深岩石力学设计中对各种不同现象的相互影响的理解。采用这种方法,工程师能够通过识别地下工程可能产生不可接受的变形或加载导致的破坏机理,从而揭示工程潜在的诸多问题。

对于煤层开采涉及的问题,由于岩体中和岩层之间都存在不均匀的节理和层理面,UDEC 很适合用于节理面断裂问题的数值求解。

4.2.2 数值模型概述

(1) 数值模型的建立

煤层在开采过程中,沿工作面推进方向取一个截面进行研究,垂直于截面方向的位移相对于截面内的位移而言很小,可以忽略不计,整个模型可以视为平面应变模型,根据圣维南原理,模型边界区足够大,防止边界效应影响数值计算的结果。

取 175 m×100 m 的长方形区域,块体采用局部细化,模型共划分 3 万个单元;模型下边界,y 方向位移为 0;左右边界,x 方向位移为 0;上边界为地表,即自由边界;初始应力取为原岩应力,模型块体图和材料图如图 4-16 和图 4-17 所示。

(2) 模型力学参数

模型力学参数同 4.1.2。

(3) 数值计算中参数的确定及理论的运用

煤层与顶底板构成一个平衡系统。一般情况下,顶底板的强度大于煤层,在压力的作用下,煤岩体容易遭受破坏。如果是稳定破坏,则表现为煤柱的变形、巷道的压缩等,如果是非稳定的,则表现为冲击矿压。冲击矿压的发生需要满足能量条件、刚度条件和冲击倾向性条件。

用煤层和顶底板的刚度描述为:

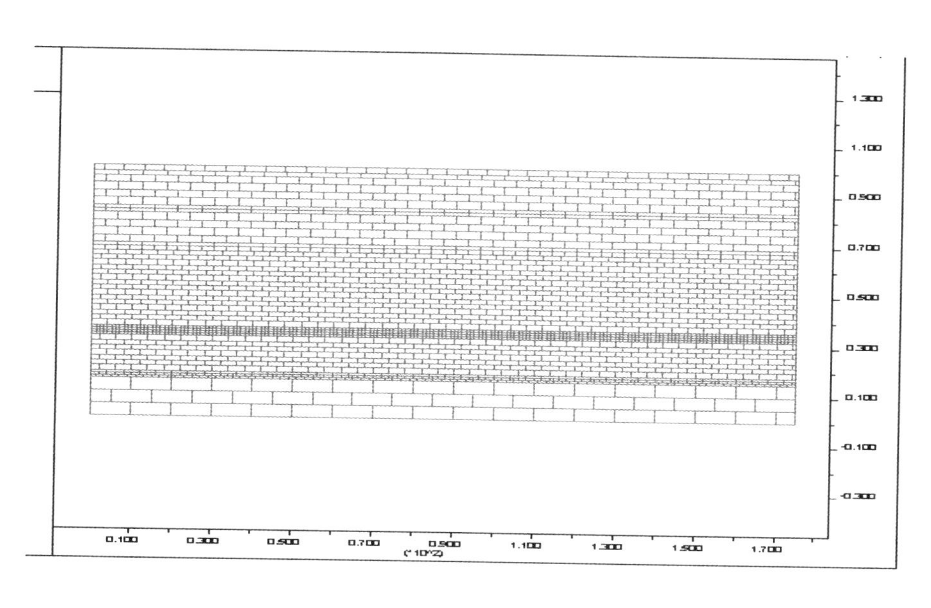

图 4-16　数值计算模型块体图

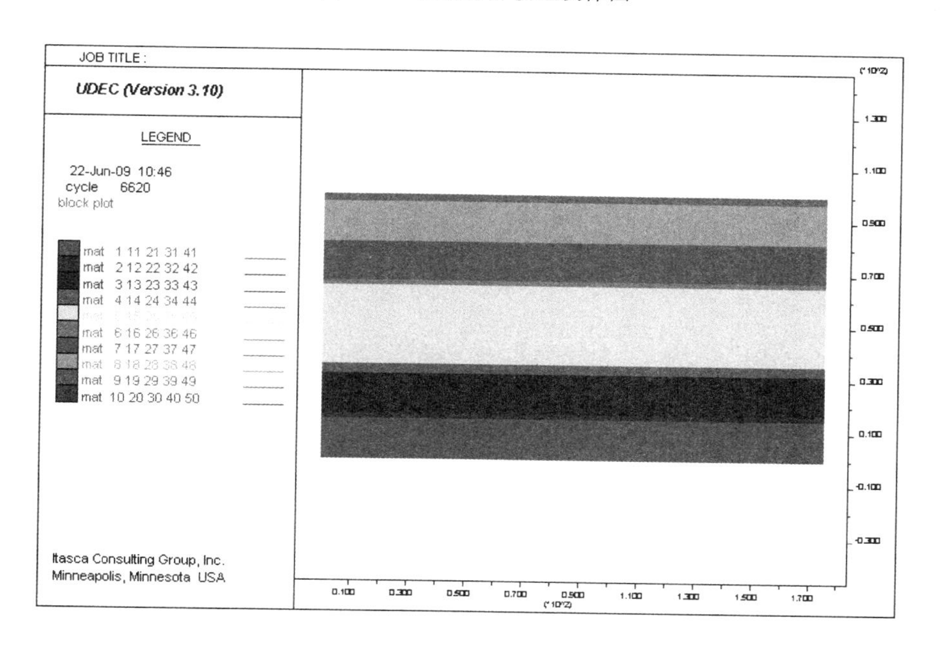

图 4-17　数值计算模型材料图

当煤层和顶底板的刚度均大于零，则煤岩体处于稳定状态；当煤层的刚度小于零，但煤层和顶底板的刚度之和大于或等于零，则煤岩体处于静态破坏状态；当煤层和顶底板的刚度之和小于零，煤岩体将产生剧烈破坏。

假设底板不变形，煤柱和顶板一起作用。顶板的质量为 m_1，煤的质量为 m_2，煤柱中所受的力为位移和时间的函数，即 $P_2=f(u_2,t)$。

则上覆岩层作用在顶部上的力 P_1 和煤柱中所受的力 P_2 分别为

$$\begin{cases}P_1 = m_1 \dfrac{\mathrm{d}^2 u_1}{\mathrm{d}t^2} + K(u_1 - u_2) \\ P_2 = f(u_2,t)\end{cases} \tag{4-9}$$

式中，K 为顶板岩层的刚度；u_1 为顶板的位移；u_2 为煤柱的位移；t 为时间。

当系统平衡时，即 $P_1=P_2$，有

$$m_1 \frac{\mathrm{d}^2 u_1}{\mathrm{d}t^2} + K(u_1 - u_2) = f(u_2,t) \tag{4-10}$$

从能量的观点看，若要系统平衡，则必须使得顶板中聚集的能量 A_1 小于等于煤柱中聚集的能量 A_2，即

$$A_1 \leqslant A_2 \tag{4-11}$$

① 顶板运动的加速度为零，即$\dfrac{\mathrm{d}^2 u_1}{\mathrm{d}t^2}=0$

假设顶板的位移为零，煤柱的位移增量为 Δu_2，则

$$\begin{aligned}\Delta P_1 &= -K\Delta u_2 \\ \Delta P_2 &= f'(u_2,t)\Delta u_2\end{aligned} \tag{4-12}$$

能量的变化为

$$\begin{aligned}A_1 &= (P_1 + \frac{1}{2}\Delta P_1)\Delta u_2 \\ A_2 &= (P_2 + \frac{1}{2}\Delta P_2)\Delta u_2\end{aligned} \tag{4-13}$$

根据式(4-9)及式(4-10)可得“顶板-煤柱-底板”系统的平衡方程式为

$$K + f'(u_2,t) \geqslant 0 \tag{4-14}$$

煤柱处在弹性阶段，即

$$K + f'(u_2,t) > 0 \text{ 且 } f'(u_2,t) > 0, K > 0$$

说明系统是稳定的。

煤柱处在残余强度阶段，但煤柱是逐步破坏的，强度是逐步降低的，即

$$K + f'(u_2,t) > 0 \text{ 且 } f'(u_2,t) < 0, K > 0$$

说明煤柱的破坏过程是静态的，系统结构是亚稳态的。

煤柱处在残余强度阶段，煤柱是脆性破坏的，强度发生突变。此时

$$K + f'(u_2, t) < 0 \text{ 且 } f'(u_2, t) < 0, K > 0$$

这时，煤柱的破坏过程为动态破坏，并伴随有能量的突然释放，即冲击矿压。释放能量的大小为

$$A = A_2 - A_1 = \frac{1}{2}\Delta u_2^2 [f'(u_2, t) + K] \tag{4-15}$$

② 顶板突然加速运动，即$\frac{d^2 u_1}{dt^2} \neq 0$

设顶板的位移为零，煤柱中的位移增加了 Δu_2，且顶板有一加速运动，其加速度为$\frac{d^2 u_1}{dt^2}$，此时，顶板与煤层中力的增量为

$$\Delta P_1 = -K\Delta u_2 - m_1 \frac{d^2 u_1}{dt^2}$$
$$\Delta P_2 = f'(u_2, t)\Delta u_2 \tag{4-16}$$

则其中的能量为

$$A_1 = (P_1 + \frac{1}{2}\Delta P_1)\Delta u_2$$
$$A_2 = (P_2 + \frac{1}{2}\Delta P_2)\Delta u_2 \tag{4-17}$$

此时，“顶板-煤柱-底板”系统的平衡方程为

$$f'(u_2, t) + K - m_1 \frac{d^2 u_1}{dt^2}(\Delta u_2)^{-2} \geqslant 0 \tag{4-18}$$

由于顶板有一加速度，则顶板岩层的刚度 K 减小了 $m_1 \frac{d^2 u_1}{dt^2}(\Delta u_2)^{-2}$，此时顶板的刚度为

$$K' = K - m_1 \frac{d^2 u_1}{dt^2}(\Delta u_2)^{-2} \tag{4-19}$$

与顶板没有加速度相比，煤层更容易处在不稳定状态，系统破坏的能量比式(4-15)要多$\frac{1}{2}m_1 (\frac{du_1}{dt})^2$。

鉴于以上理论分析，我们假定在回采扰动作用下，3^{-2}煤层残留煤柱中若某一根煤柱断裂，此时，它对 3^{-2}煤层顶板的支撑作用大大降低，煤层顶板原有的受力平衡状态将被打破，顶板出现向下运动的加速度。同样，相邻煤柱上方顶板在连带作用下会产生向下的加速度，相邻“顶板-煤柱-底板”系统的平衡方程如式(4-18)；由于顶板岩层加速度的出现使得顶板刚度产生一定程度的减小。如果相邻煤柱在初始条件下处于亚平衡状态，顶板刚度的降低使得顶底板与煤柱

的刚度之和减小，将可能导致系统由亚平衡状态转到不平衡状态，使得相邻煤柱断裂。进而可能导致第二根、第三根等一系列煤柱的断裂，即可能出现多米诺骨牌效应。

（4）数值计算方案及目标

唐公沟煤矿 3^{-2}煤层和 $4^{-2上}$煤层中间有一层细砂岩，根据地质勘探结果显示，其平均厚度在 15 m，局部较厚的地方达 17 m。3^{-2}煤层采用房柱式开采，随着 $4^{-2上}$煤层工作面的推进，整个采场的应力和应变场不断发生改变，对 3^{-2}煤层残留的煤柱造成扰动，3^{-2}煤层部分煤柱可能发生失稳，从而又引发其他煤柱连环失稳，使得顶板大面积冲击底板，引起下方工作面冲击矿压事故，研究骨牌效应发生的方式及条件是解决这个问题的关键。

数值计算方案如下：

① 根据已采 3^{-2}煤层的现场观测数据，运用 UDEC 建立模型，对 3^{-2}煤层进行房柱开采模拟，得到房柱开采后的应力场，为后续煤巷掘进和 $4^{-2上}$煤层的开采设计提供依据。

② 煤柱宽度为 5 m 时，$4^{-2上}$煤层工作面在推进过程中，每推进 10 m，观测采场的位移分布情况，对可能发生的煤柱失稳情况给出预示。

③ 煤柱宽度为 5 m 时，$4^{-2上}$煤层工作面在推进过程中，每推进 10 m，观测 3^{-2}煤层中煤柱的变形破坏情况，看是否会发生煤柱失稳的骨牌效应。

④ 比较煤柱宽度为 4 m、5 m、6 m、8 m 时，煤柱发生骨牌式失稳的可能性。

数值计算的目标如下：

① 根据工作面推进过程中煤柱附近的位移场变化，得到工作面推进过程中煤柱的受力状态，为防止部分小煤柱发生失稳提供依据。

② 根据工作面推进过程中小煤柱的变形和稳定状态，得出骨牌效应发生的前提和规律，为防止实际工程中发生因小煤柱骨牌式失稳引起的冲击矿压现象。

③ 根据不同煤柱宽度对煤柱骨牌式失稳发生的影响情况，得出对应不同煤柱宽度时，5^{-1}煤层回采期间能否造成 3^{-2}煤层房柱式采空区煤柱发生骨牌效应。

4.2.3 工作面推进过程中小煤柱状态及骨牌效应

（1）工作面推进过程中小煤柱状态及骨牌效应现象图

在 $4^{-2上}$煤层工作面推进过程中，由于采动的影响，导致应力场重新分布，3^{-2}煤层中的小煤柱可能在某一瞬时发生由局部引发的整体失稳，造成大面积顶板垮落冲击底板的冲击现象。图 4-18 为工作面推进过程中小煤柱的状态图。

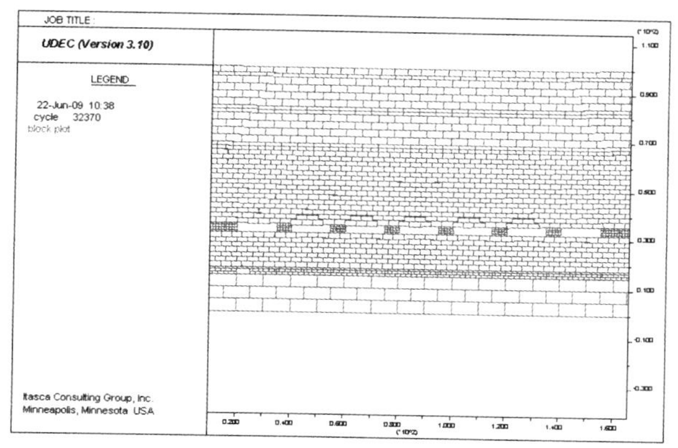

(a) 工作面推进5 m

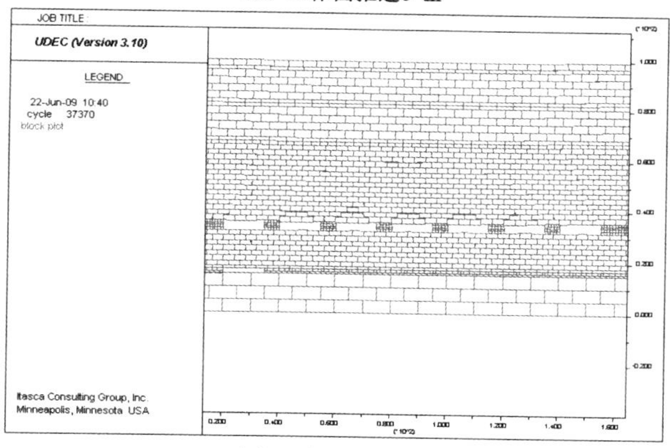

(b) 工作面推进15 m

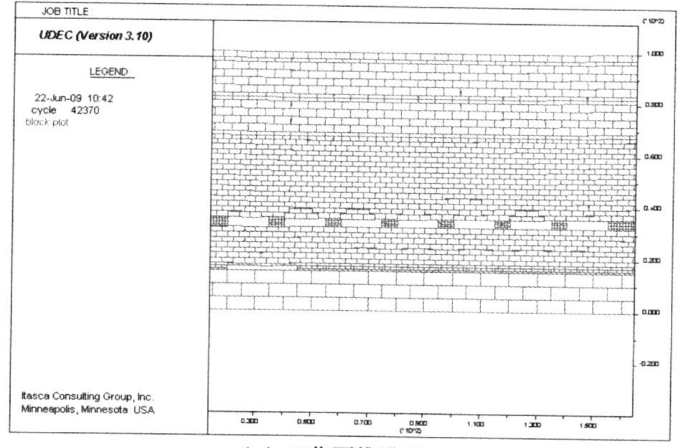

(c) 工作面推进25 m

图 4-18　工作面推进过程中小煤柱的状态图

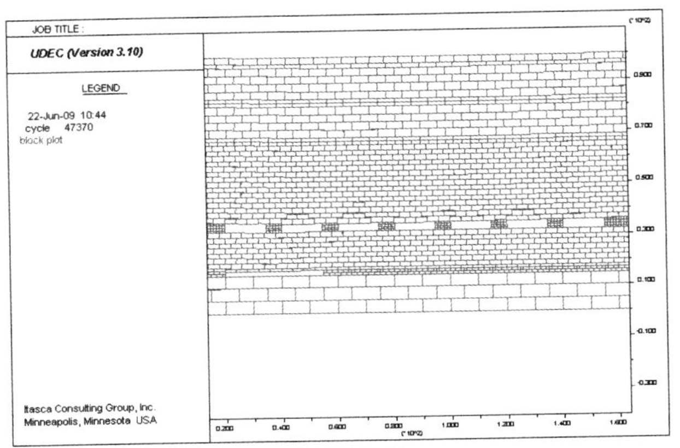

（d）工作面推进35 m

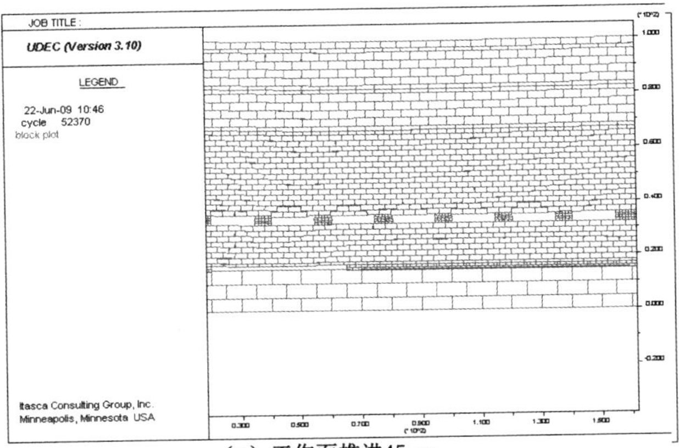

（e）工作面推进45 m

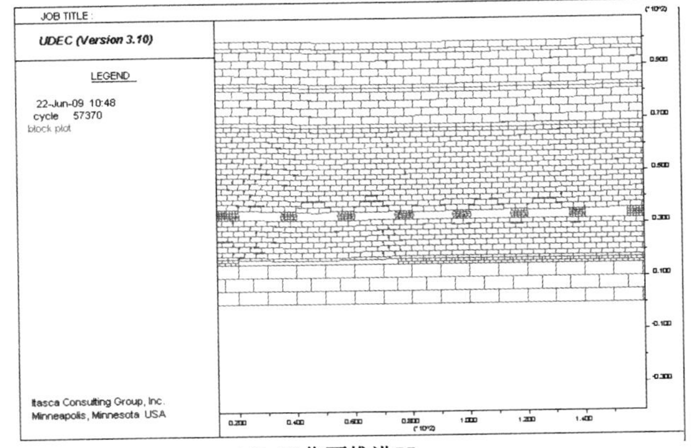

（f）工作面推进55 m

图 4-18(续)

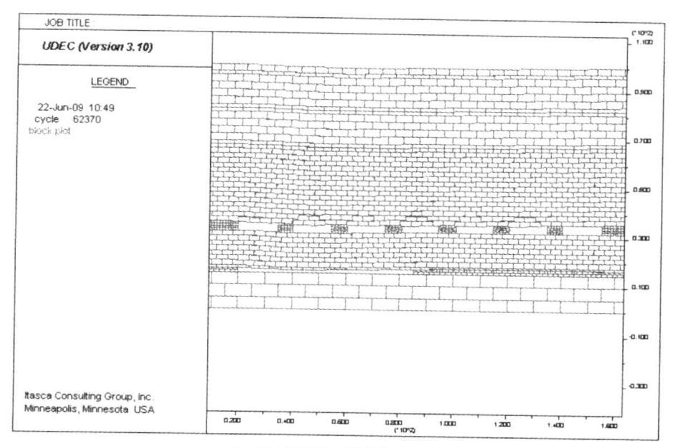

(g) 工作面推进 65 m

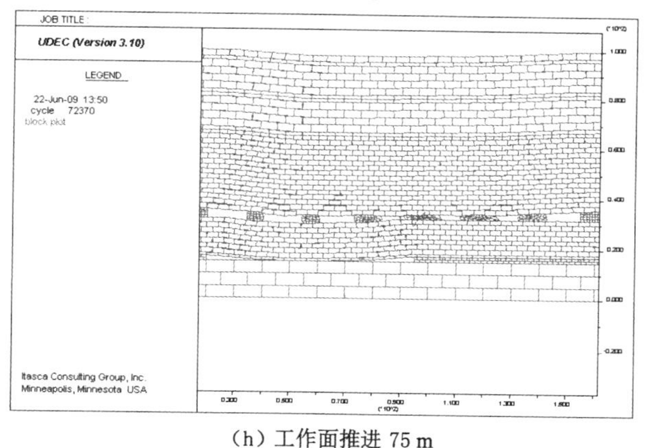

(h) 工作面推进 75 m

图 4-18(续)

由图 4-18 可以看出，$4^{-2\text{上}}$煤层工作面推进 5～55 m 的过程中，由于 3^{-2}煤层开采产生的卸压效果，并且 $4^{-2\text{上}}$煤层与 3^{-2}煤层之间的岩层为单一的细砂岩，因此，$4^{-2\text{上}}$煤层的采动对 3^{-2}煤层的影响不明显，3^{-2}煤层中的煤柱只发生少量的变形和位移；当工作面推进 65 m 时，$4^{-2\text{上}}$煤层的覆岩整体弯曲下沉，4 号煤柱处出现应力集中，导致 4 号煤柱发生较大的变形，相比于其他煤柱较为明显；当工作面推进 75 m 时，3 号、4 号、5 号和 6 号煤柱同时发生较大破坏，即产生了骨牌效应，3^{-2}煤层的顶板大面积失去支撑，这时，就会导致顶板冲击底板，引起巨大冲击载荷，下方 $4^{-2\text{上}}$煤层工作面及两巷会受到巨大冲击，极有可能发生冲击矿压现象。

图 4-19 为发生骨牌效应前和发生骨牌效应后的局部放大图。

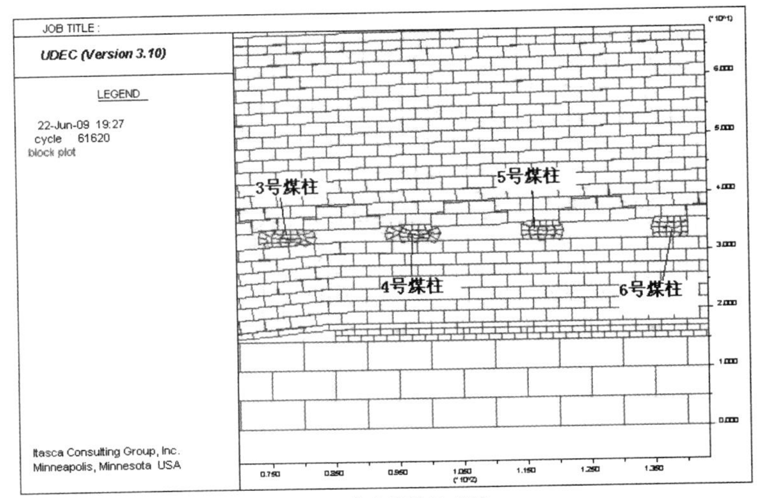

(a) 发生骨牌效应前

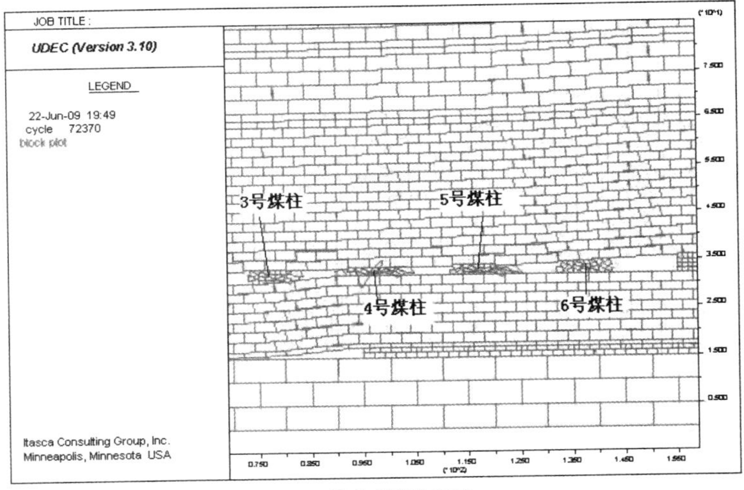

(b) 发生骨牌效应后

图 4-19 发生骨牌效应前后局部放大图

在图 4-19 中，可以明显看到，由于 4 号煤柱在 $4^{-2上}$ 煤层工作面推进过程中发生了失稳，导致了 3 号、5 号和 6 号煤柱也接着发生失稳，其他煤柱的变形量也增加，但没导致失稳现象的发生，而且，由于多根煤柱连环失稳，使得失稳煤柱变形量十分大，产生冲击矿压的可能性非常大。

(2) 工作面推进过程位移场分布

图 4-20 为工作面推进过程中小煤柱 y 方向位移云图。

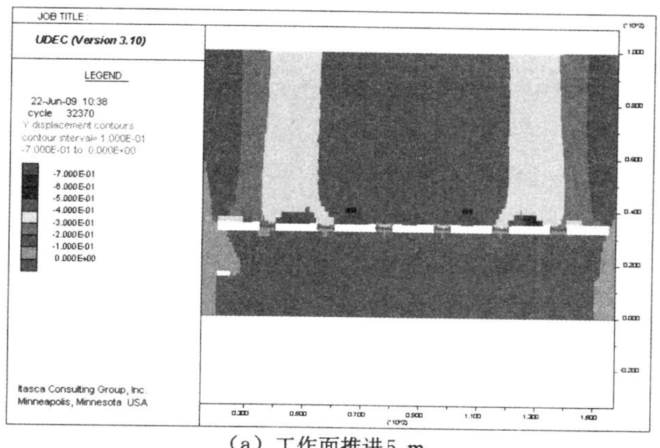

(a) 工作面推进5 m

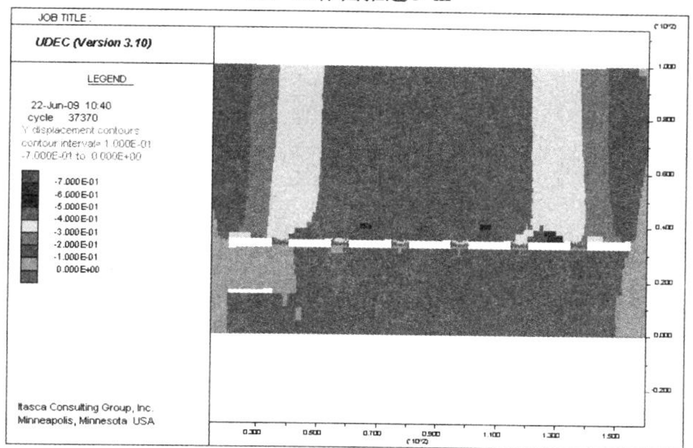

(b) 工作面推进15 m

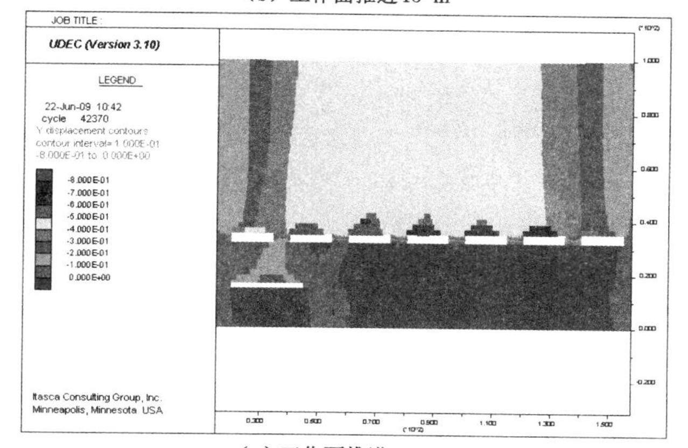

(c) 工作面推进25 m

图 4-20　工作面推进过程中小煤柱 y 方向位移云图

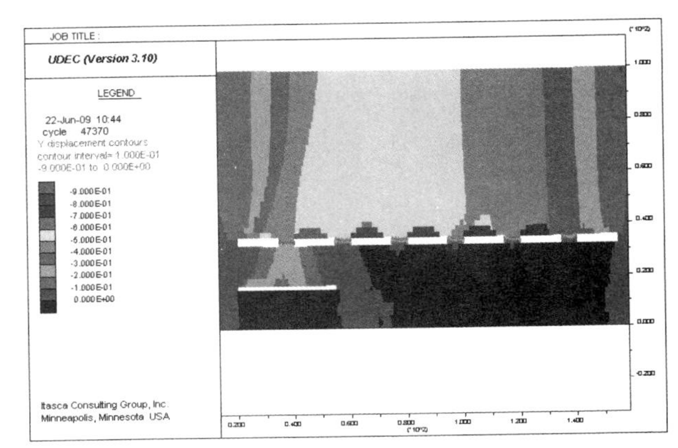

（d）工作面推进 35 m

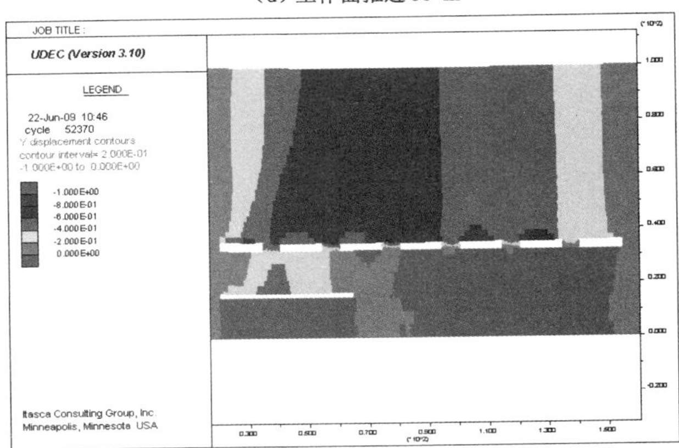

（e）工作面推进 45 m

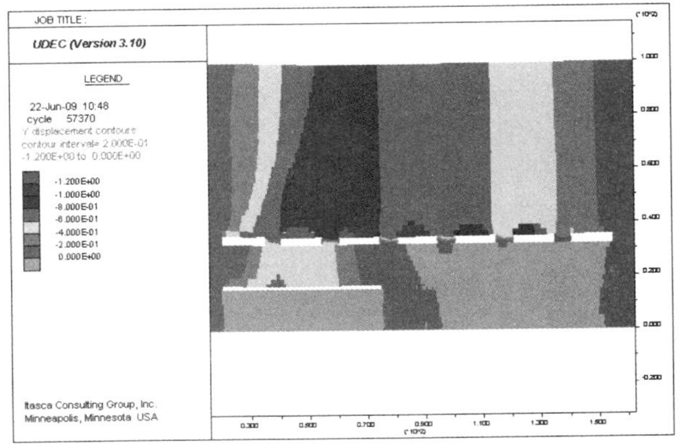

（f）工作面推进 55 m

图 4-20（续）

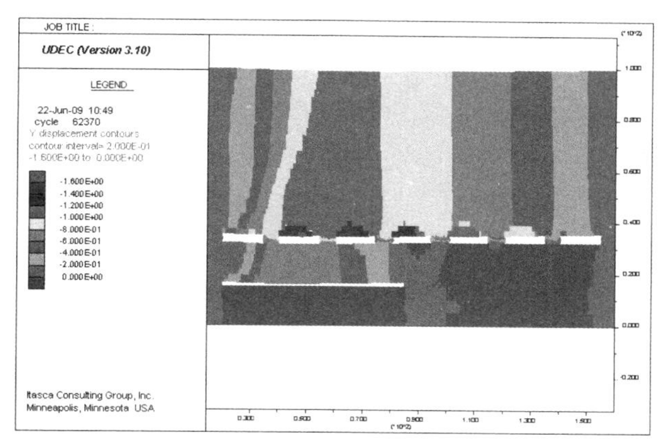

（g）工作面推进 65 m

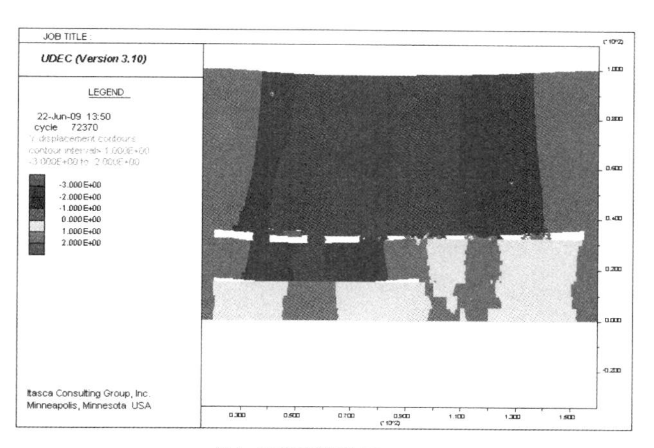

（h）工作面推进 75 m

图 4-20（续）

由图 4-20 可以看出，开始时，工作面由 5 m 推进至 55 m 过程中，各煤柱 y 方向位移变化不大；当工作面推进到 65 m 位置时，4 号煤柱发生少许失稳，4 号煤柱附近 y 方向的位移场变大，当工作面推进到 75 m 位置时，发生了连锁反应，3 号、4 号、5 号和 6 号煤柱被压扁，即发生骨牌效应，3 号、4 号、5 号和 6 号煤柱附近位移场显著增大。

图 4-21 为发生骨牌效应前后煤柱的位移矢量局部放大图。

由图 4-21 可以看出发生骨牌效应前后煤柱的位移变形特征，继 4 号煤柱发生失稳后，3 号、5 号和 6 号煤柱接连发生失稳，而且变形量较单根煤柱失稳时更大。

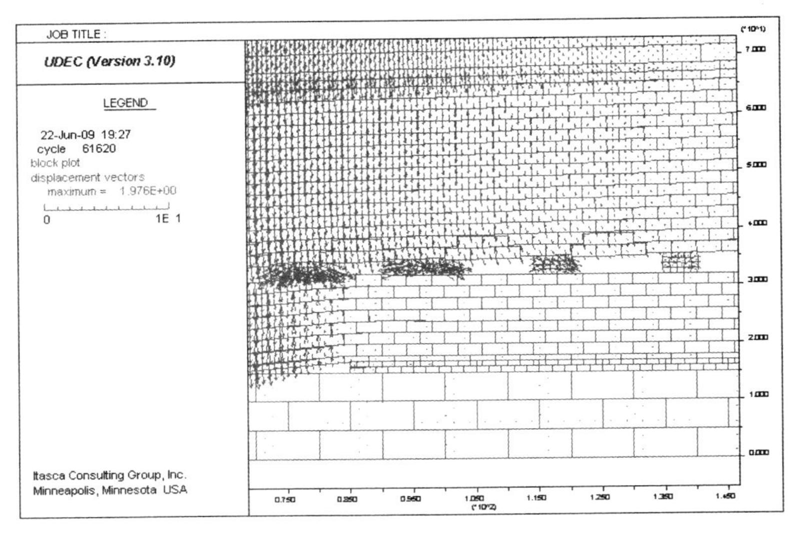

（a）发生骨牌效应前

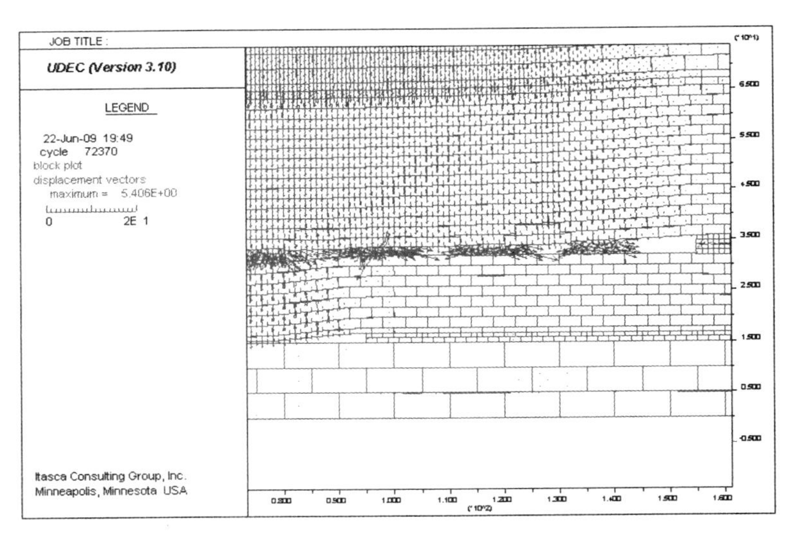

（b）发生骨牌效应后

图 4-21 发生骨牌效应前后煤柱的位移矢量局部放大图

在数值模拟过程中，记录了各根煤柱顶底部和两侧中心点处的 y 方向位移及 x 方向位移随 $4^{-2上}$ 煤层工作面推进时的变化。表 4-6 给出了 1～6 号煤柱顶底部 y 方向的相对位移 S 随工作面推进距离 L 变化的数值（正值为拉，负值为压）。

表 4-6 1～6 号煤柱顶底部 y 方向的相对位移 单位:m

相对位移 S	推进距离 L							
	5	15	25	35	45	55	65	75
$S_{1号煤柱}$	0.019 60	0.013 1	0.024 5	0.057 3	0.047 9	0.049 8	0.050 3	−0.160 0
$S_{2号煤柱}$	−0.004 8	−0.002 7	−0.054 0	−0.095 7	0.000 6	−0.053 7	0.089 1	−0.133 1
$S_{3号煤柱}$	−0.005 6	−0.007 0	−0.061 4	−0.104 3	−0.192 0	−0.330 5	−0.338 5	−0.711 0
$S_{4号煤柱}$	−0.004 8	−0.006 0	−0.051 2	−0.095 4	−0.176 0	−0.310 8	−0.456 2	−3.000 0
$S_{5号煤柱}$	−0.004 0	−0.005 4	−0.050 1	−0.087 8	−0.158 0	−0.315 4	−0.456 2	−2.600 0
$S_{6号煤柱}$	−0.003 5	−0.005 0	−0.048 9	−0.085 0	−0.146 0	−0.300 2	−0.350 8	−1.800 0

从表中的数值可以知道,在小煤柱发生失稳前,y 方向的相对位移量是厘米级的。随着工作面推进,相对位移总体不断增加,在煤柱失稳时,即工作面推进到 75 m 位置时,3 号、4 号、5 号和 6 号煤柱的顶底部 y 方向相对位移量达到以米为单位,变形量的增幅均大于 100%,4 号、5 号和 6 号煤柱的变形量达到了未失稳前的 6 倍,即失稳前后煤柱顶底部相对移近量有突变,这就表明发生了骨牌效应。这里我们需要关注的是这个突变点的位置以及突变量。

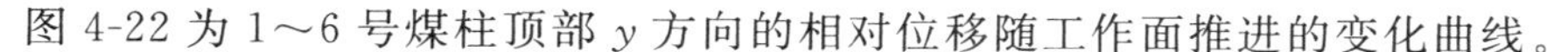

图 4-22 为 1～6 号煤柱顶部 y 方向的相对位移随工作面推进的变化曲线。

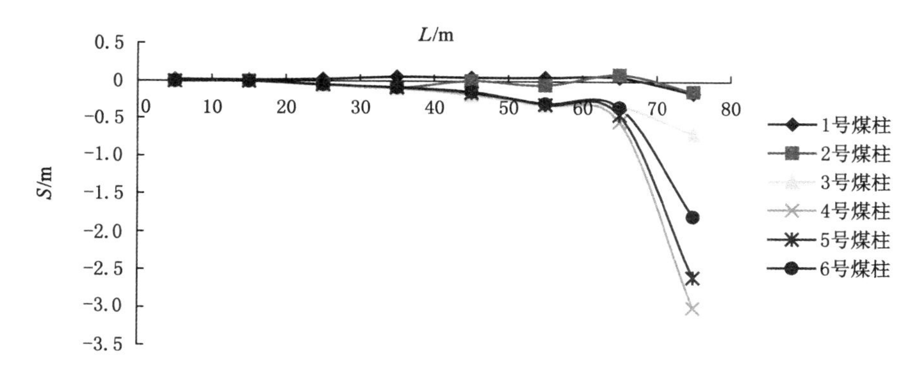

图 4-22 1～6 号煤柱顶部 y 方向的相对位移随工作面推进的变化曲线图

由图 4-22 可知,工作面推进 65 m 之前,煤柱顶部的 y 方向相对位移不断增大,但增幅不大,在煤柱失稳位置,所有煤柱顶底部相对移近量增加较多,特别是 3 号、4 号、5 号和 6 号煤柱顶底部相对位移有一个突变,3 号煤柱增幅 120%,4 号、5 号和 6 号煤柱增幅达 600%左右,即产生了骨牌效应。

表 4-7 为 1～6 号煤柱左侧中点 x 方向的位移量,L 为工作面推进距离。

表 4-7　1～6 号煤柱左侧中点 x 方向的位移　　单位：m

位移量 S	推进距离 L							
	5	15	25	35	45	55	65	75
$S_{1号煤柱}$	0.000 2	0.007 2	0.007 2	0.020 7	0.011 4	0.010 4	0.004 5	0.250 0
$S_{2号煤柱}$	0.004 0	0.009 8	0.052 3	0.091 2	0.128 0	0.143 0	0.122 0	0.380 0
$S_{3号煤柱}$	0.002 1	0.006 7	0.040 2	0.087 9	0.180 0	0.316 8	0.409 0	1.432 0
$S_{4号煤柱}$	0.003 7	0.006 9	0.032 0	0.120 0	0.216 0	0.323 0	0.466 0	2.608 0
$S_{5号煤柱}$	0.003 0	0.006 2	0.031 5	0.095 7	0.120 0	0.227 0	0.280 0	2.487 0
$S_{6号煤柱}$	0.002 8	0.005 6	0.013 0	0.065 0	0.097 8	0.190 0	0.220 0	2.920 0

图 4-23 为 1～6 号煤柱左侧中点的 x 方向位移随工作面推进的变化规律。

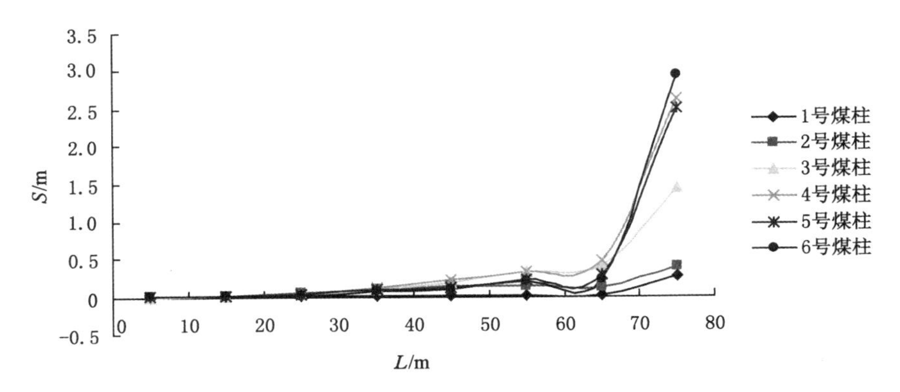

图 4-23　1～6 号煤柱左侧中点的 x 方向位移随工作面推进的变化曲线图

由图 4-23 可以看出，工作面推进 75 m 时，3 号、4 号、5 号和 6 号煤柱所对应的曲线发生突变，x 方向位移增幅分别为 120%、484.9%、1 200%和1 162.3%，即煤柱产生了骨牌式失稳现象。

表 4-8 为 1～6 号煤柱右侧中点 x 方向的位移量，L 为工作面推进距离。

表 4-8　1～6 号煤柱右侧中点 x 方向的位移　　单位：m

位移量 S	推进距离 L							
	5	15	25	35	45	55	65	75
$S_{1号煤柱}$	0.000 5	0.003 8	0.002 8	0.023 7	0.038 0	0.054 9	0.113 0	0.157 7
$S_{2号煤柱}$	0.004 6	0.010 0	0.068 7	0.105 0	0.166 0	0.213 0	0.260 0	0.312 0

表 4-8(续)

位移量 S	推进距离 L							
	5	15	25	35	45	55	65	75
$S_{3号煤柱}$	0.001 5	0.072 0	0.103 0	0.023 0	0.404 0	0.490 0	0.970 0	2.400 0
$S_{4号煤柱}$	0.005 0	0.021 5	0.064 0	0.101 0	0.190 0	0.280 0	0.530 0	3.100 0
$S_{5号煤柱}$	0.004 4	0.013 3	0.043 0	0.064 5	0.120 0	0.180 0	0.260 0	3.400 0
$S_{6号煤柱}$	0.001 7	0.003 8	0.016 8	0.034 4	0.060 0	0.089 0	0.222 0	2.580 0

图 4-24 为 1～6 号煤柱右侧中点的 x 方向位移随工作面推进的变化规律。

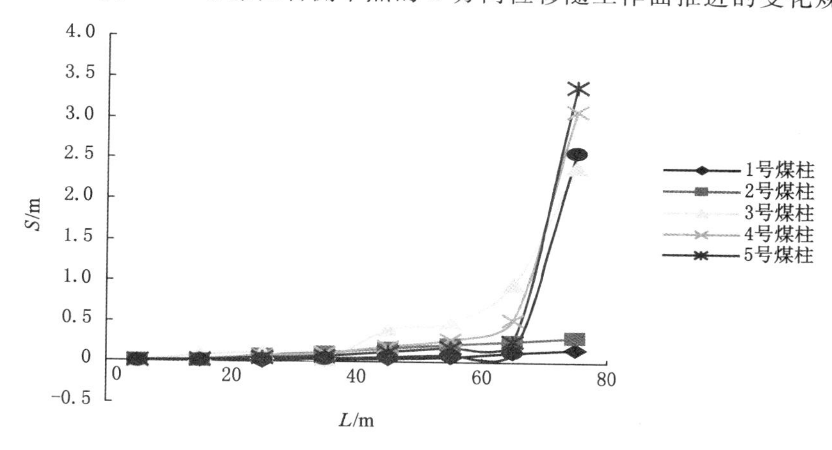

图 4-24　1～6 号煤柱右侧中点的 x 方向位移随工作面推进的变化曲线图

由图 4-24 可以看出，工作面推进 75 m 时，3 号、4 号、5 号和 6 号煤柱所对应的曲线发生突变，即煤柱产生了骨牌式失稳现象。

(3) 不同煤柱宽度对骨牌式失稳的影响

图 4-25 为不同煤柱宽度，即煤柱宽度为 4 m、5 m、6 m 和 8 m 时，$4^{-2上}$煤层工作面推进 75 m 时的煤柱变形情况。

由图 4-25 可以看出，煤柱宽度为 4 m 的时候，工作面推进 55 m 时就发生了煤柱骨牌式失稳。当煤柱宽度为 5 m 和 6 m 时，工作面推进 75 m 时，煤柱发生了骨牌式失稳，但煤柱宽度为 6 m 时的失稳引起的煤柱两侧突出情况比煤柱宽度为 5 m 时的小，并且上覆岩层由于采动引起的变形也较小。当煤柱宽度为 8 m时，工作面推进 75 m 时，3^{-2}煤层中的小煤柱未发生骨牌式失稳现象。

表 4-9 为工作面推进 75 m 时，不同煤柱宽度煤柱右帮中点变形情况。

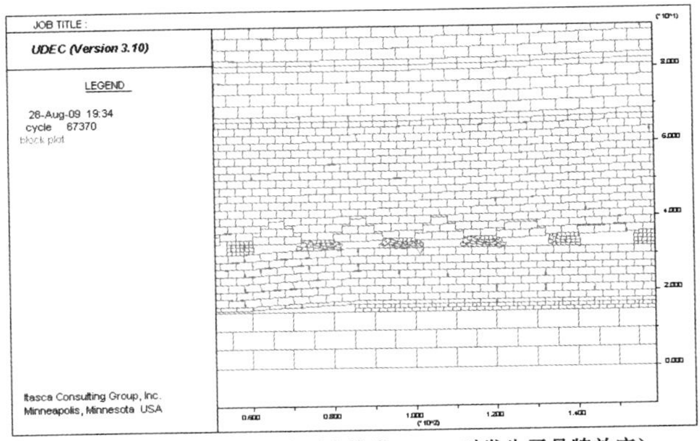

（a）煤柱宽度 4 m（工作面在推进 55 m 时发生了骨牌效应）

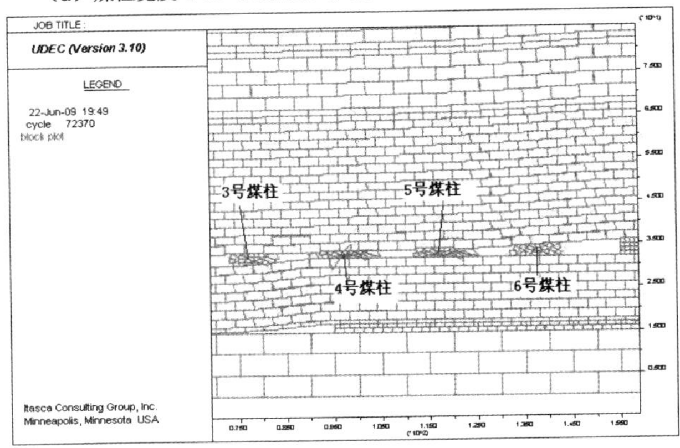

（b）煤柱宽度 5 m

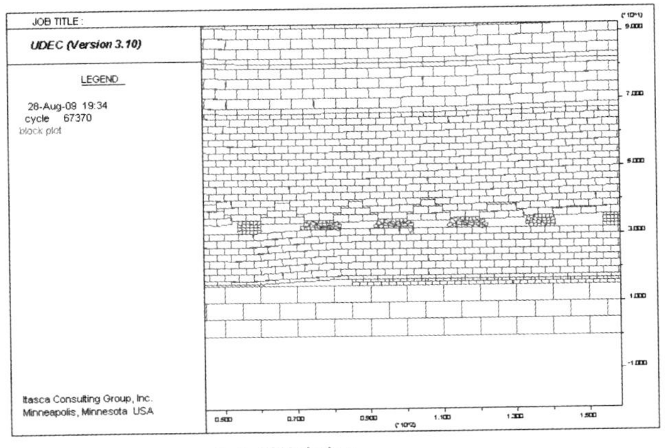

（c）煤柱宽度 6 m

图 4-25　工作面推进 75 m 时不同煤柱宽度对应变形情况

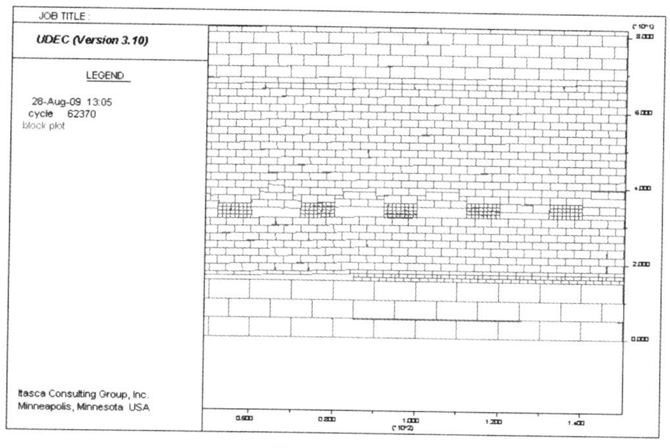

(d) 煤柱宽度 8 m

图 4-25(续)

表 4-9　不同煤柱宽度时煤柱右帮中点变形　　单位:m

煤柱宽度 D	变形量 S			
	3 号煤柱	4 号煤柱	5 号煤柱	6 号煤柱
4 m	2.114	2.540	2.613	2.140
5 m	2.400	3.120	3.413	2.580
6 m	2.213	2.532	2.716	2.230
8 m	0.310	0.512	0.632	0.352

图 4-26 为工作面推进到 75 m 时,不同煤柱宽度 3～6 号煤柱的右帮中点变形曲线。

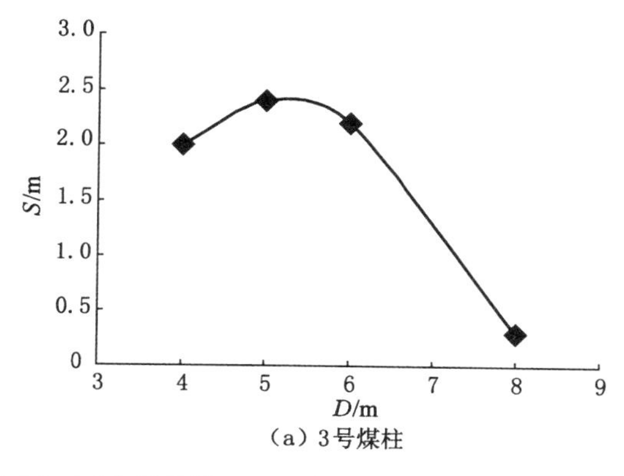

(a) 3号煤柱

图 4-26　工作面推进 75 m 时 3～6 号煤柱右帮中点变形曲线

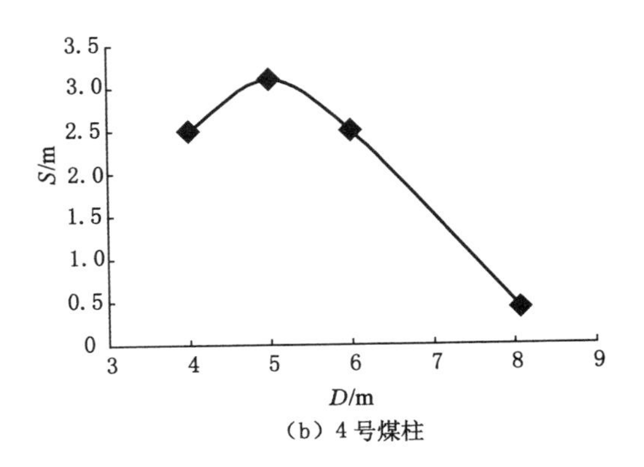

（b）4号煤柱

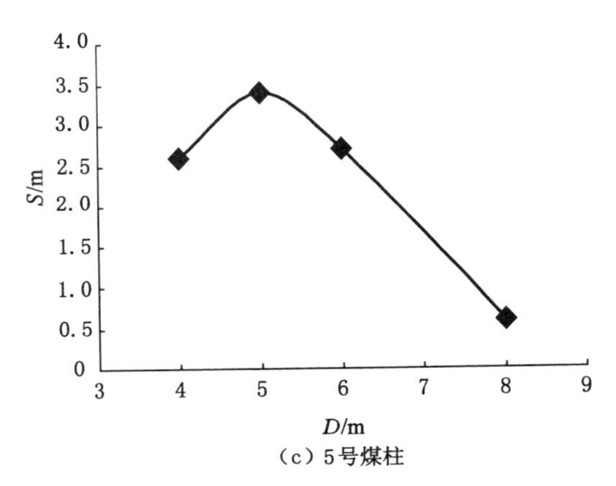

（c）5号煤柱

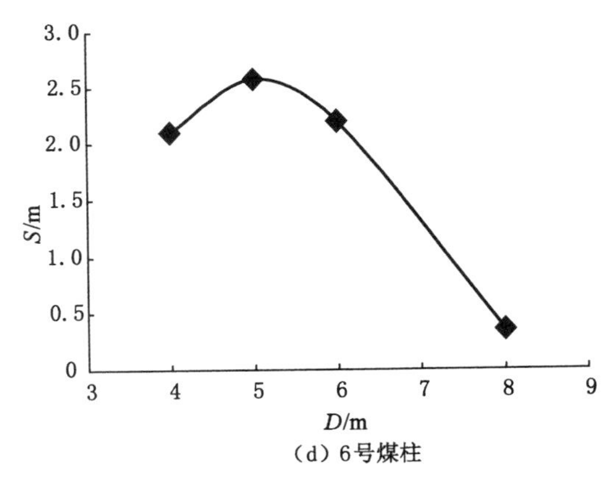

（d）6号煤柱

图 4-26（续）

表 4-10 为工作面推进 75 m 时，不同煤柱宽度煤柱左帮中点变形情况。

表 4-10 不同煤柱宽度时煤柱左帮中点变形 单位：m

煤柱宽度 D	变形量 S			
	3 号煤柱	4 号煤柱	5 号煤柱	6 号煤柱
4 m	1.214	2.351	2.135	2.651
5 m	1.432	2.608	2.487	2.921
6 m	1.321	2.411	2.316	2.702
8 m	0.112	0.150	0.143	0.201

图 4-27 为工作面推进 75 m 时，不同煤柱宽度 3～6 煤柱的左帮中点变形曲线。

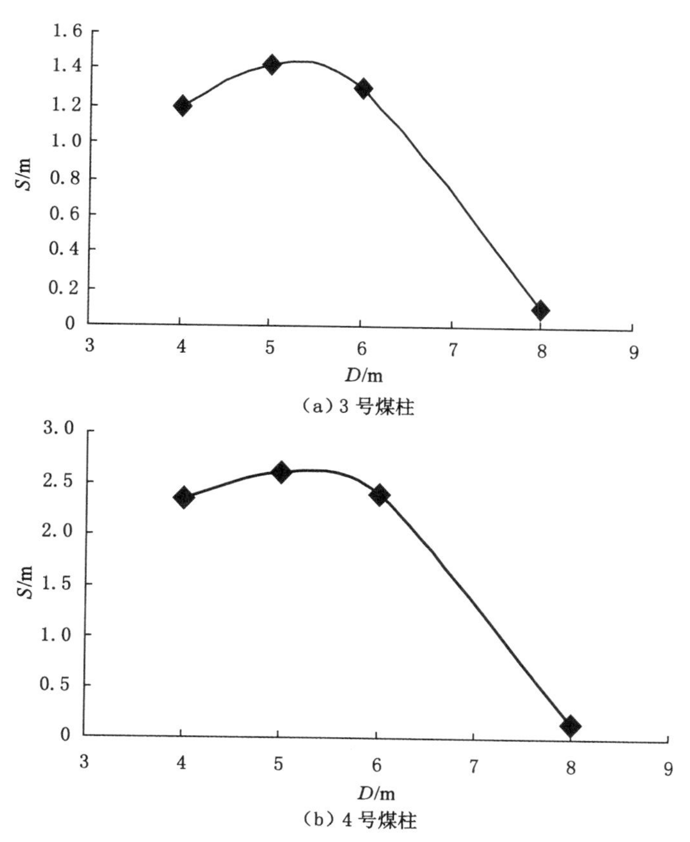

图 4-27 工作面推进 75 m 时 3～6 号煤柱左帮中点变形曲线

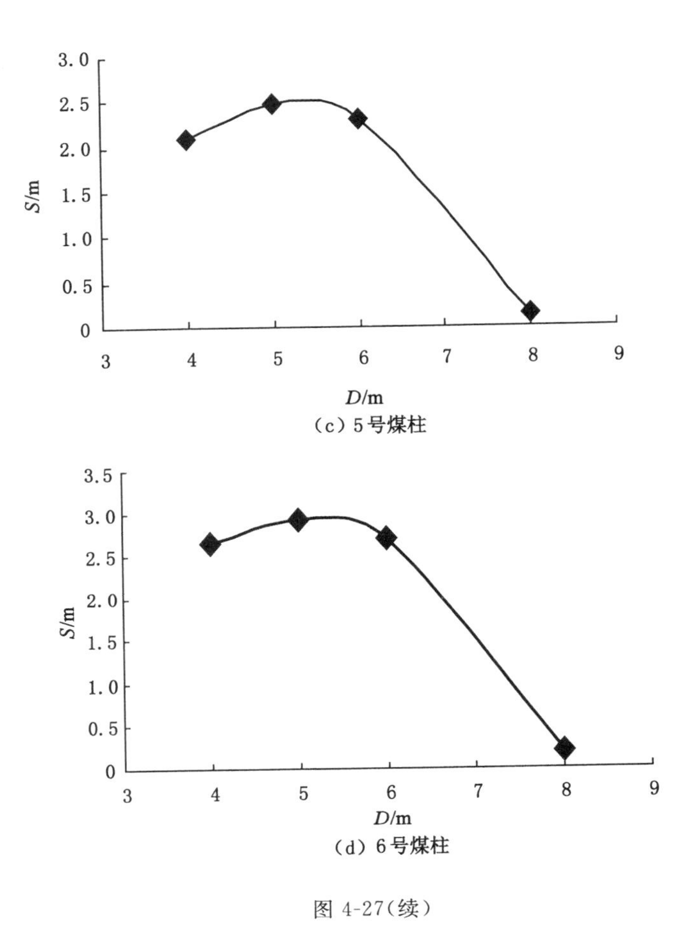

(c) 5号煤柱

(d) 6号煤柱

图 4-27(续)

由表 4-9、表 4-10 以及图 4-26 和图 4-27 可知,煤柱宽度为 4 m 时,由于 $4^{-2上}$煤层工作面只推进了 55 m 就发生了 3^{-2}煤层中煤柱的骨牌式失稳,因此,失稳引起的煤柱变形比煤柱宽度为 5 m 和 6 m 时产生的变形要小;煤柱宽度大于 5 m 的情况下,煤柱骨牌式失稳引起的煤柱变形随煤柱宽度增大而减小;煤柱宽度为 8 m 时,发生骨牌效应的可能性明显下降。

4.3 $4^{-2上}$煤层巷道层位布置及支护方案数值模拟分析

$4^{-2上}$煤全区发育,厚度稳定,结构简单,含一层或不含夹矸。针对 $4^{-2上}$煤层平均厚度较薄(约 1.7 m)以及 3^{-2}煤层已采对下层巷道可能产生影响的特点,我们分别对在无采动影响时沿顶掘巷与沿底掘巷两种布置以及$4^{-2上}$煤巷位于3^{-2}煤层采空区、小煤柱与大煤柱下方时的巷道围岩的稳定性进行计算。寻求合理的布置方式与支护方案。

模拟方案(见表4-11)如下：

① 不受任何采动影响下,比较分析沿顶掘巷与沿底掘巷两种方式对巷道围岩稳定性的影响；

② 沿顶掘进巷道分别位于3^{-2}煤层采空区、小煤柱及大煤柱下方时,巷道围岩的应力与变形分析。

表4-11 $4^{-2上}$煤层巷道模拟方案

模型	采动影响	巷道位置	支护方式
一	无	沿顶掘巷	无支护
二	无	沿底掘巷	无支护
三	采空区下方	沿顶掘巷	无支护
四	采空区下方	沿顶掘巷	顶板:5根锚杆+3根锚索
五	小煤柱下方	沿顶掘巷	无支护
六	小煤柱下方	沿顶掘巷	顶板:5根锚杆+3根锚索
七	大煤柱下方	沿顶掘巷	无支护
八	大煤柱下方	沿顶掘巷	顶板:5根锚杆+3根锚索
九	大煤柱下方	沿顶掘巷	顶板:5根锚杆+3根锚索; 煤帮:1个锚杆;底板:3根锚杆

4.3.1 巷道层位布置模拟

通过比较沿顶掘巷与沿底掘巷两种巷道布置的变形及破坏特征寻求合理的布置方案。模型见图4-28,计算模型大小为150×150,共22 500单元。巷道为矩形巷道(宽×高=5.0 m×3.4 m)。水平宽度为50 m,垂直高度为50 m。巷道处于模型中心;模型上边界自由加载,载荷大小为覆岩的自重$p=\gamma H=25\ 000\times 55=1.38$ MPa(其中模型上边界距巷道位置25 m);左右边界设为水平位移约束;下边界设为垂直位移约束。煤层不同层位巷道布置图见图4-28。

图4-29～图4-32分别为两种层位布置下垂直位移分布云图、水平位移分布云图、垂直应力分布云图及围岩塑性区分布云图。

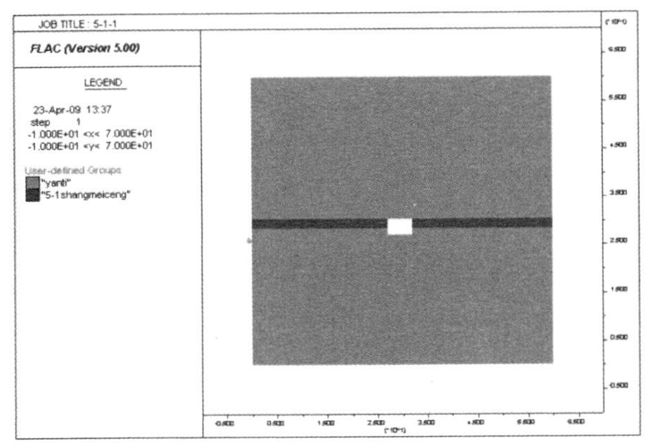

（a）沿顶掘巷

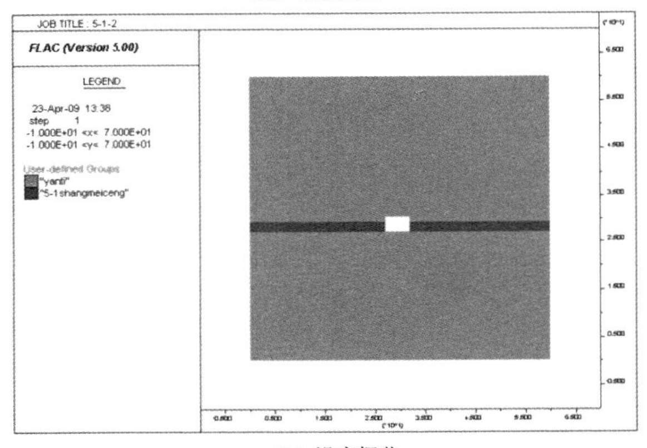

（b）沿底掘巷

图 4-28 煤层不同层位巷道布置图

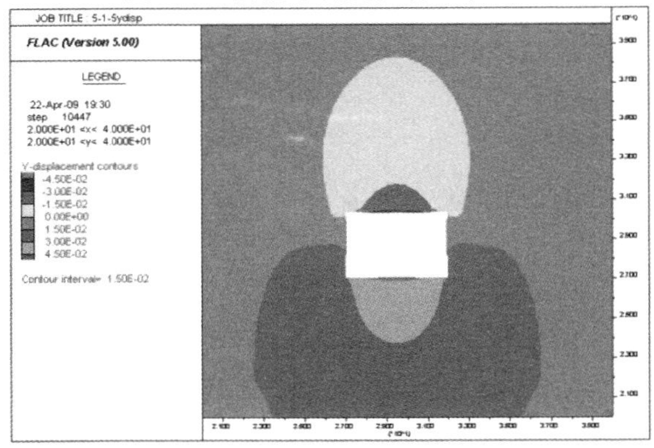

（a）沿顶掘巷

图 4-29 垂直位移分布云图

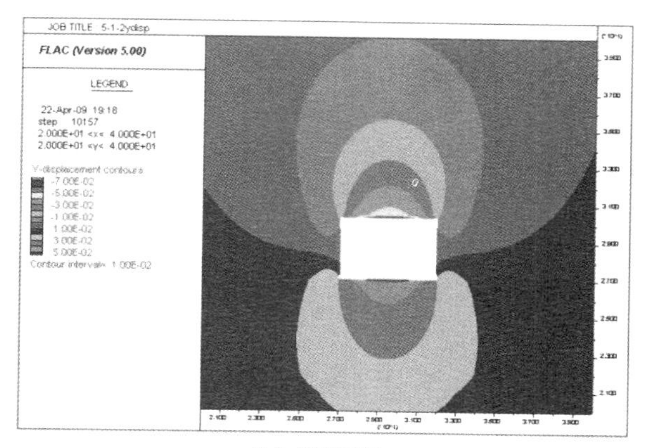

（b）沿底掘巷

图 4-29(续)

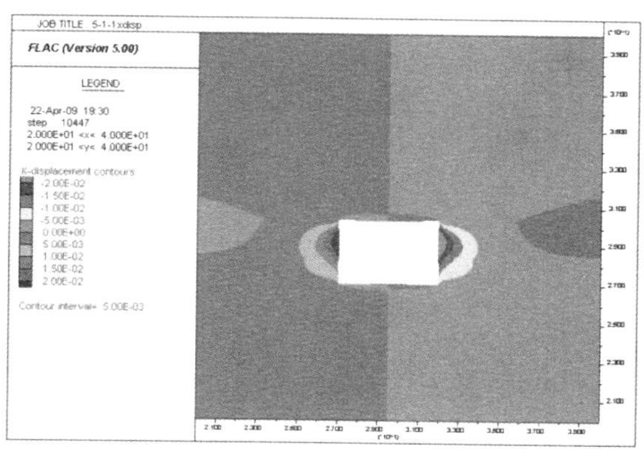

（a）沿顶掘巷

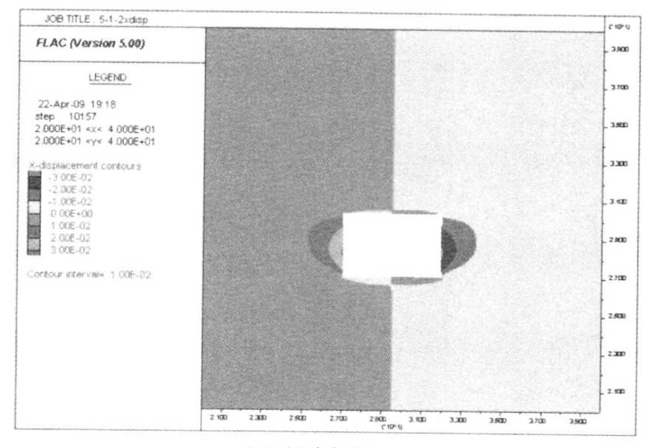

（b）沿底掘巷

图 4-30　水平位移分布云图

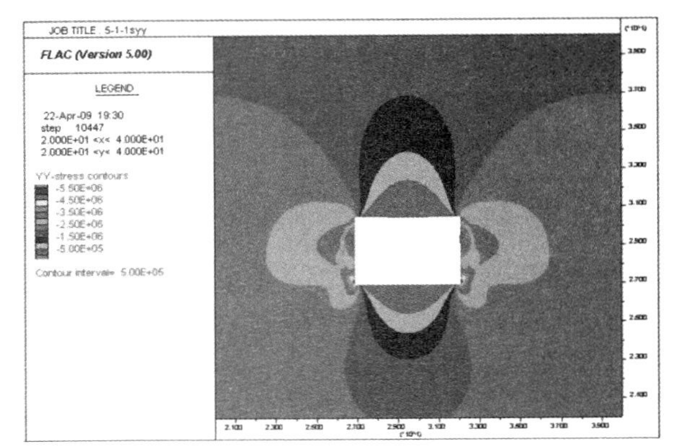

(a) 沿顶掘巷

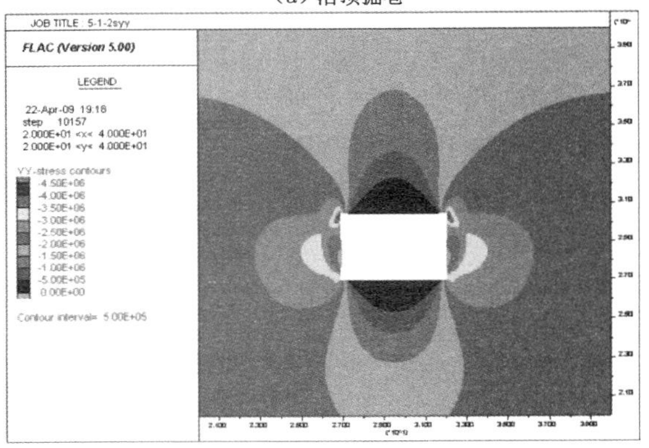

(b) 沿底掘巷

图 4-31 垂直应力分布云图

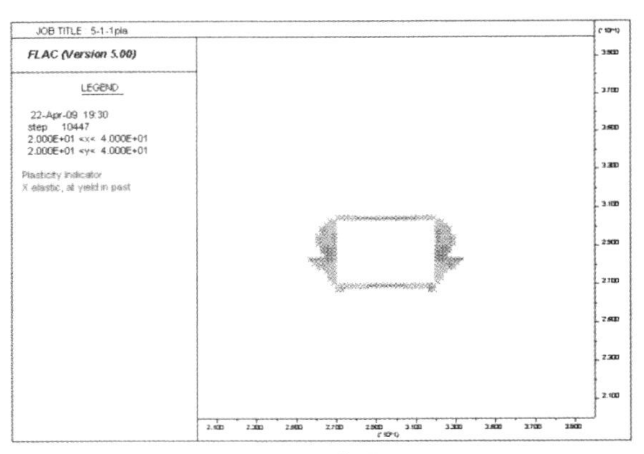

(a) 沿顶掘巷

图 4-32 围岩塑性区分布云图

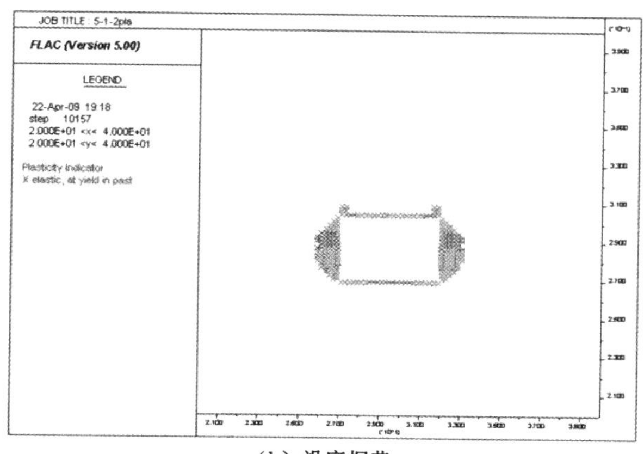

（b）沿底掘巷

图 4-32(续)

从云图中可以看出，两种方案下垂直位移分布形式大体相同，水平位移分布则表现在两帮煤层位置处变形相对较大，即沿顶掘巷时两帮上部变形偏大，沿底掘巷时两帮下部变形偏大。沿顶掘巷时，垂直应力在两帮上部及两帮底角出现应力集中；沿底掘巷时，在两帮下部及两帮顶角出现应力集中。两种形式下应力集中系数相等，但以帮角处集中系数最大。塑性区范围则表现为沿顶掘巷方式略小于沿底掘巷方式。

8个测点位移值见表4-12。不同层位布置时巷道变形特征见表4-13。变形曲线见图4-33～图4-35。

表 4-12　测点位移值

掘巷方式	测点位移/mm							
	1	2	3	4	5	6	7	8
沿顶掘巷	47.48	78.90	105.25	85.81	49.50	47.90	46.76	27.30
沿底掘巷	68.45	101.52	139.63	108.91	67.88	41.70	57.90	57.06

表 4-13　不同层位布置时巷道变形特征

变形特征	顶板最大下沉量/mm	顶底板移近量/mm	两帮平均移近量/mm	巷道断面收缩率/%
沿顶掘巷	48.44	73.38	40.65	2.96
沿底掘巷	70.14	97.28	52.22	4.12

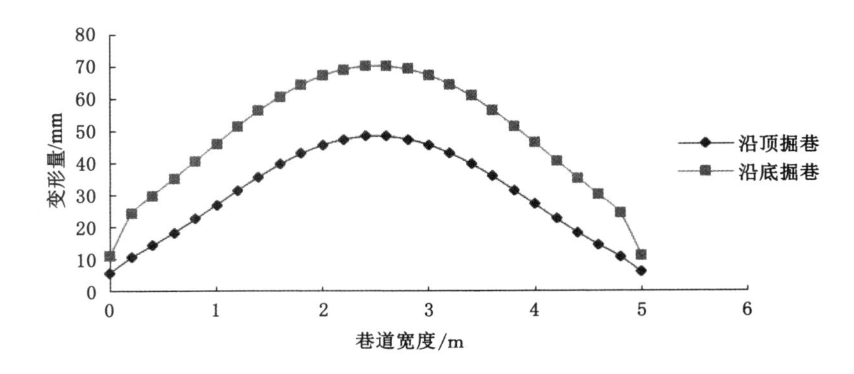

图 4-33 顶板下沉曲线

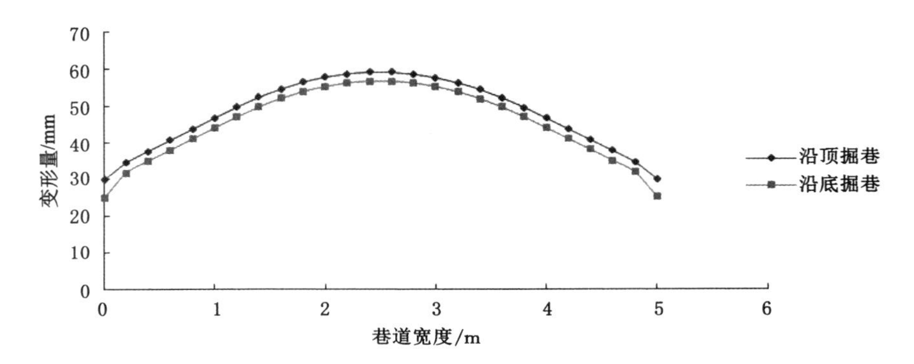

图 4-34 底板底鼓曲线

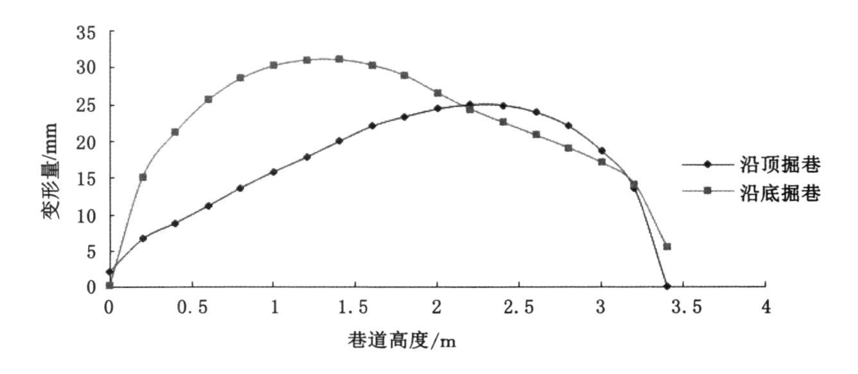

图 4-35 巷帮表面变形曲线

从图表可以看出：

(1) 沿底掘巷破坏了顶板的岩层完整性(在计算中对顶板围岩进行了一定的弱化处理，同样在沿顶掘巷时对底板围岩进行一定的弱化处理)，顶板变形比沿顶掘巷时偏大，其中顶板最大下沉量由沿顶掘巷时的48.44 mm增加到沿底掘巷时的70.14。

(2) 巷道中部两帮变形量稍大，两帮变形曲线与坐标横轴围成的面积表现为沿底掘巷大于沿顶掘巷。

(3) 沿顶掘巷与沿底掘巷两种形式下，顶底板平均移近量分别为73.38 mm、97.28 mm；两帮平均移近量分别为40.65 mm、52.22 mm；巷道断面收缩率分别为2.96%、4.12%。

4.3.2　$4^{-2上}$煤巷相对位置布置分析

3^{-2}煤层的开采势必对下层巷道围岩的稳定性产生一定的影响，为确定$4^{-2上}$煤层巷道的支护方案，对$4^{-2上}$煤层巷道位于3^{-2}煤层采空区下、小煤柱下及大煤柱下三种情况进行分析，建立图4-36三个计算模型，模型宽200 m，高60 m；巷道与3^{-2}煤层垂距为15 m；3^{-2}煤层房柱式开采采用采6留5，综采保留20 m煤柱，因此，在模拟中小煤柱宽取5 m，大煤柱宽取20 m。

从图4-37模型三计算结果可以看出：

① 采空区下方巷道围岩整体处于上方采场的应力降低区，在无支护条件下，巷道两帮围岩深部最大垂直应力为1.98 MPa，距帮壁1.2 m。

② 巷道围岩表面变形量：顶板30.7 mm，底板20 mm，煤帮20.7 mm。

③ 塑性区主要分布在巷道两帮及底板围岩且分布范围不大(约0.5 m)，顶板帮角处出现塑性区。

从图4-38模型四计算结果可以看出：

① 采空区下方巷道围岩整体处于上方采场的应力降低区，巷道两帮围岩深部最大垂直应力为2 MPa，距帮壁1.2 m。

② 巷道围岩表面变形量：顶板20.38 mm，底板17.6 mm，煤帮20 mm。

③ 塑性区主要分布在巷道两帮及底板围岩且分布范围不大(约0.5 m)，顶板未出现塑性区。

比较模型四与模型三，在无支护条件下，由于上层采场的卸压作用，巷道围岩变形量及塑性区范围并不大，围岩具有很好的自承能力；巷道顶板采用锚杆加锚索支护后，围岩变形量有所减少，但幅度不大。随着上方采场的不断压实，卸压效果将不断弱化，同时考虑本层煤层的采动影响也会对巷道围岩的稳定性构成不利的影响，因此，对于巷道顶板的支护还是有必要的。

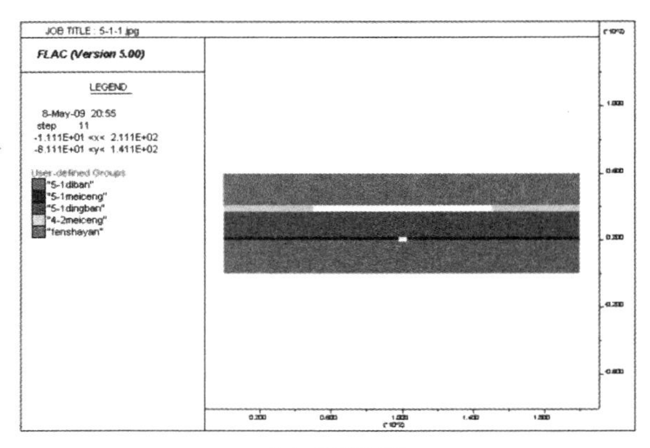

（a）采空区下

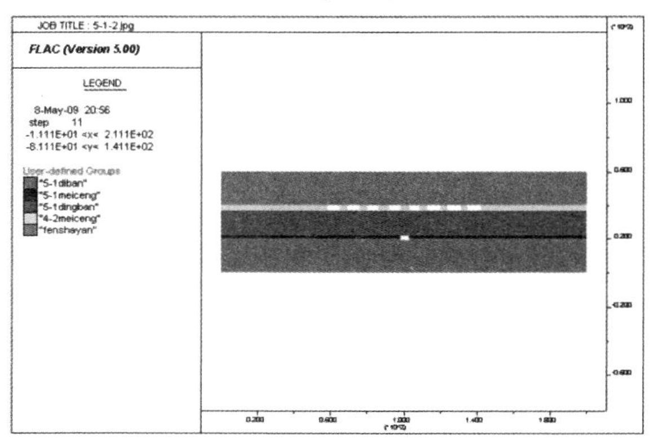

（b）小煤柱下

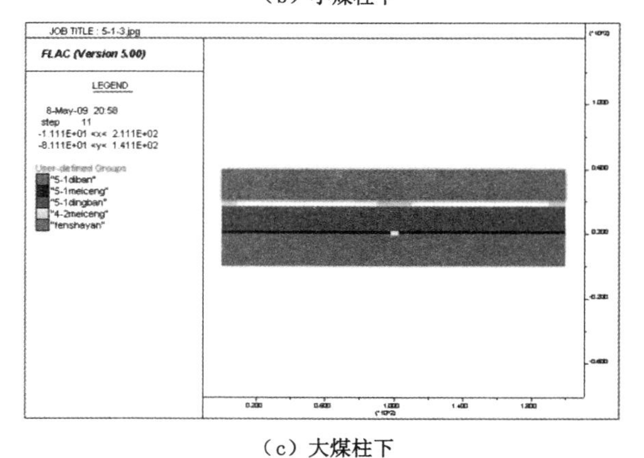

（c）大煤柱下

图 4-36　$4^{-2上}$煤巷不同位置布置图

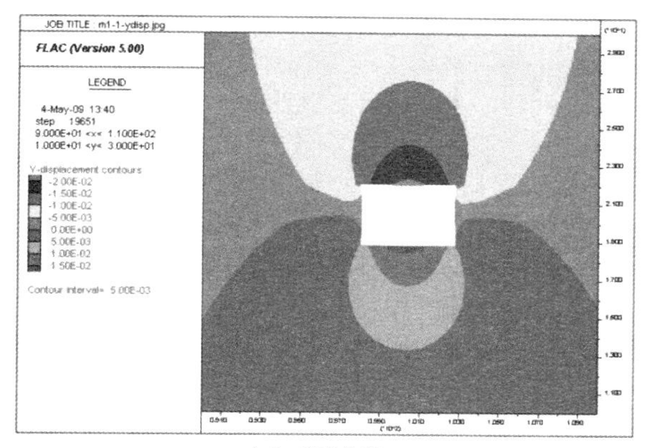

（a）垂直位移

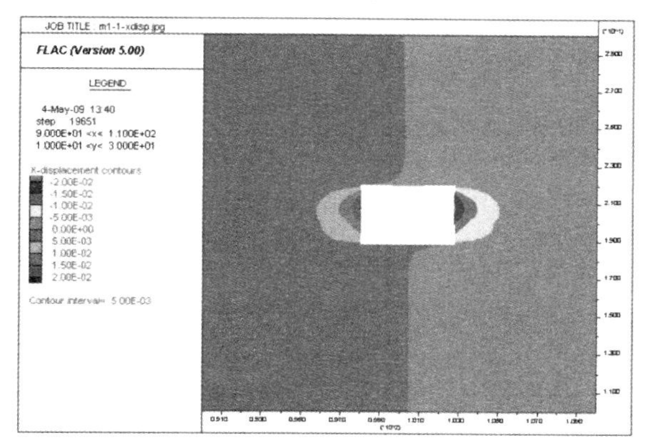

（b）水平位移

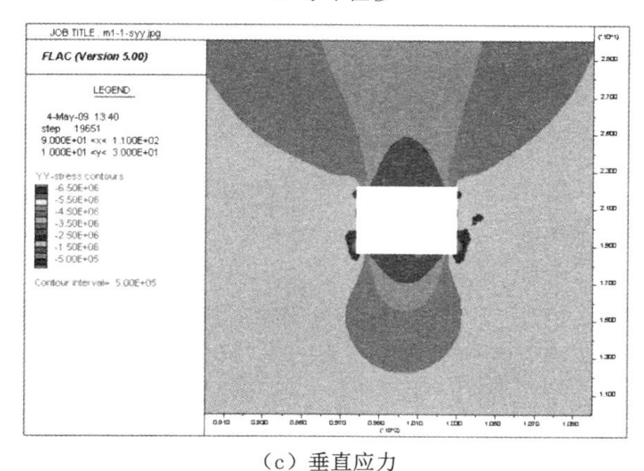

（c）垂直应力

图 4-37　模型三计算结果图

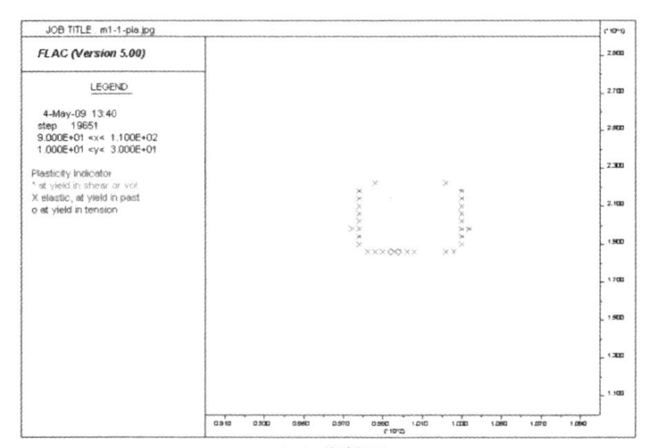

（d）塑性区

图 4-37(续)

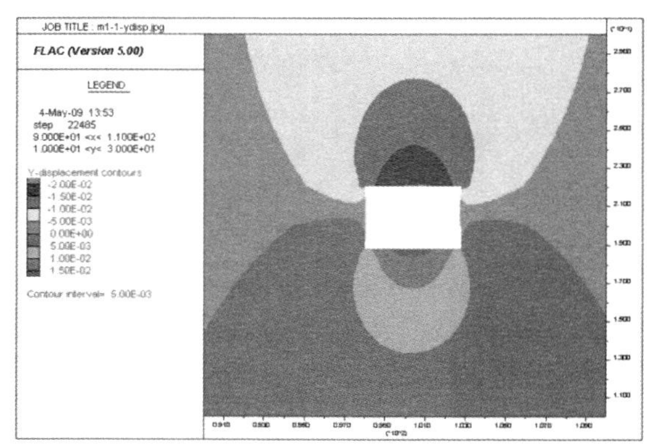

（a）垂直位移

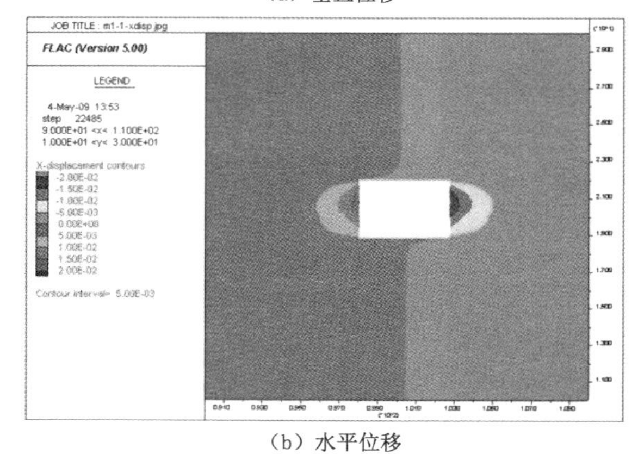

（b）水平位移

图 4-38　模型四计算结果图

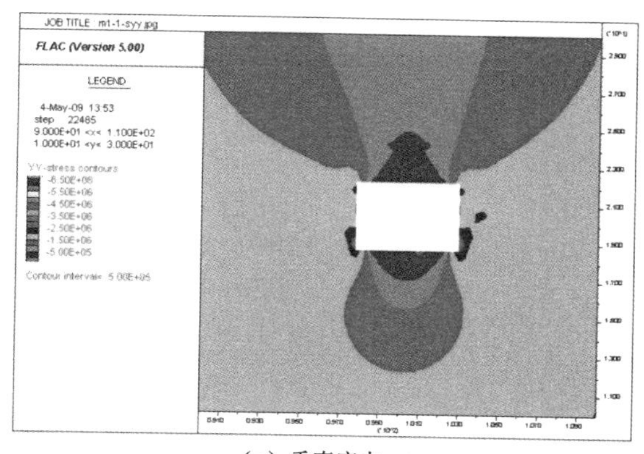

（c）垂直应力

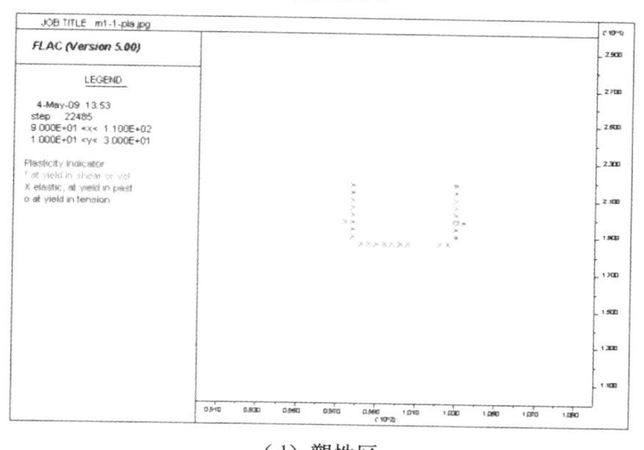

（d）塑性区

图 4-38(续)

从图 4-39 模型五计算结果可以看出：

① 小煤柱下方巷道围岩垂直应力在两帮及底角出现应力集中并以底角处应力集中较明显，煤帮垂直应力最大值为 3.32 MPa，应力集中系数为 1.51。顶板 2 m 高度围岩垂直应力为 0.479 MPa。

② 巷道围岩表面变形量：顶板 47.1 mm，底板 30 mm，煤帮 24.5 mm。

③ 塑性区以两帮最大(约 1.2 m)，顶底板次之。其中最大塑性区出现在煤层与底板岩层的交接面。

从图 4-40 模型六计算结果可以看出：

① 巷道围岩垂直应力在两帮及底角出现应力集中并以底角处应力集中较明显，煤帮垂直应力最大值为 3.323 MPa，应力集中系数为 1.51。顶板 2 m 高度围岩垂直应力为 0.58 MPa。

② 巷道围岩表面变形量：顶板 36 mm，底板 30 mm，煤帮 24 mm。

③ 塑性区以两帮最大(约 1.2 m),顶底板次之。其中最大塑性区出现在煤层与底板岩层的交接面。

比较模型六与模型五,支护顶板后,顶板移近量减小到无支护下的 76.5%,煤帮应力与变形变化不大,顶板 2 m 高度处压应力增加了 21%,塑性区分布基本不变。此时顶板的支护强度可以很好地控制围岩的稳定性。

从图 4-41 模型七计算结果可以看出:

① 大煤柱下方巷道围岩垂直应力在两帮及底角出现应力集中并以底角处应力集中较明显,煤帮垂直应力最大值为 4.47 MPa,应力集中系数为 2.03。顶板 2 m 高度围岩垂直应力为 0.377 MPa。

② 巷道围岩表面变形量:顶板 110.6 mm,底板 51.6 mm,煤帮 33.1 mm。

③ 塑性区以两个顶角处最大(塑性区深度为 2.4 m),顶板及两帮次之,底板最小。

从图 4-42 模型八计算结果可以看出:

① 在模型七的基础上,顶板围岩施加 5 根锚杆与 3 根锚索支护,巷道围岩垂直应力分布较模型七没有较大的改变,煤帮垂直应力最大值为 4.47 MPa,应力集中系数为 2.03。顶板 2 m 高度围岩垂直应力为 0.742 MPa。

② 巷道围岩表面变形量:顶板 63 mm,底板 51 mm,煤帮 33 mm。

③ 塑性区以两个顶角处最大(塑性区深度为 2.4 m),两帮塑性区半径约为 1.6 m,顶板塑性区半径为 1.2 m。

从图 4-43 模型九计算结果可以看出:

① 在模型八的基础上,对巷道围岩的底板及两帮施加锚杆支护,煤帮垂直应力最大值为 4.51 MPa,应力集中系数为 2.05。顶板 2 m 高度围岩垂直应力为0.773 MPa。

② 巷道围岩表面变形量:顶板 58 mm,底板 37 mm,煤帮 20 mm。

③ 塑性区以两个顶角处最大(塑性区深度为 2.0 m),两帮塑性区半径约为 1.2 m,顶板塑性区半径为 0.8 m。

比较模型七、八、九可知:由于上煤层的开采使得在大煤柱内以及底板产生较大的支承压力并向下传递,下层巷道承受较大的应力作用,巷道围岩应力集中较显著,变形较大,尤其以顶板变形最为严重。模型八针对在无支护条件下顶板变形较大的特点,对顶板施加锚杆支护,有效地控制了顶板的变形,顶板下沉量减小到模型七的 57.3%。但同时可以看到此时巷道的两帮及底鼓变形依然较严重,因此,对于巷道两帮及底板的支护也是很有必要的。模型九在模型八的基础上对煤帮中点加 1 根锚杆支护,底板采用 3 根锚杆支护,使得巷道煤帮变形及底鼓变形在仅采用顶板支护下的 33 mm 与 51 mm 减小到 20 mm 与 37 mm,使得巷道两帮及底板变形得到控制。

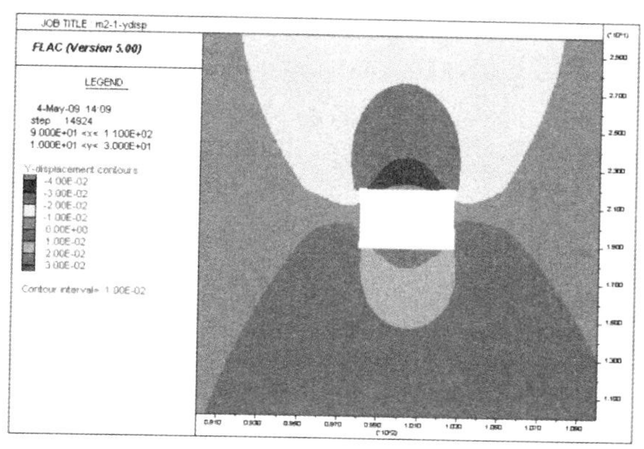

（a）垂直位移

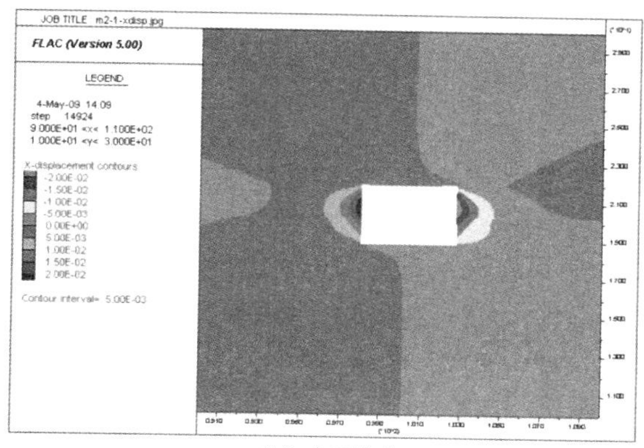

（b）水平位移

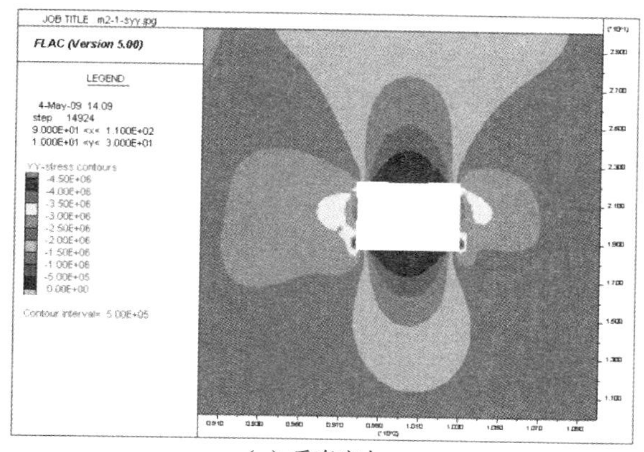

（c）垂直应力

图 4-39 模型五计算结果图

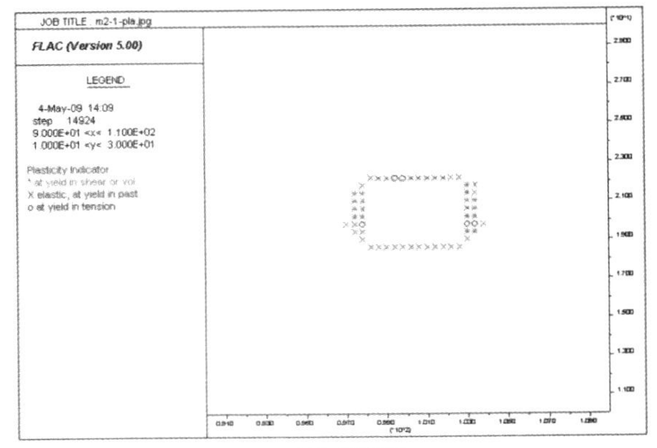

（d）塑性区

图 4-39(续)

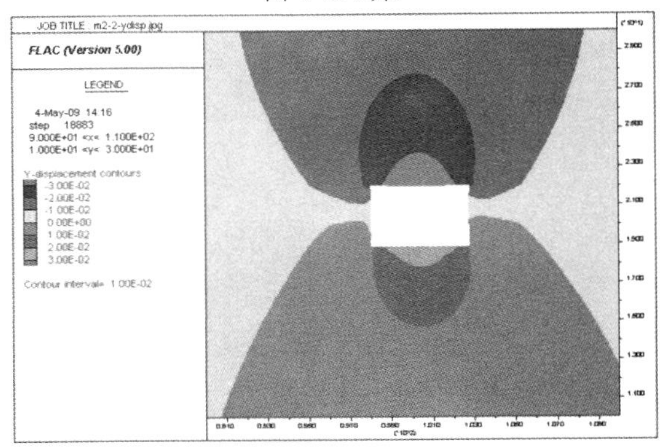

（a）垂直位移

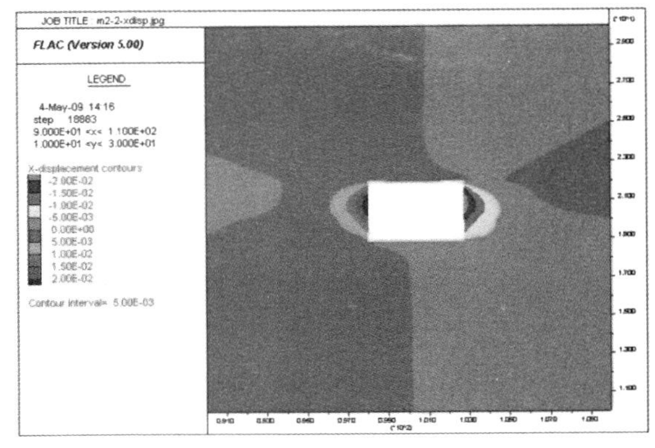

（b）水平位移

图 4-40 模型六计算结果图

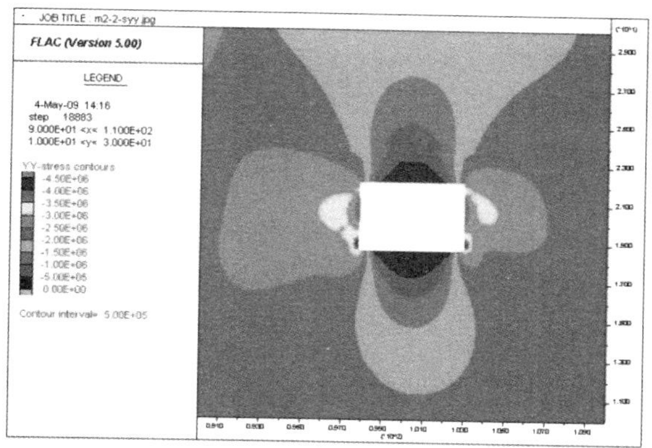

（c）垂直应力

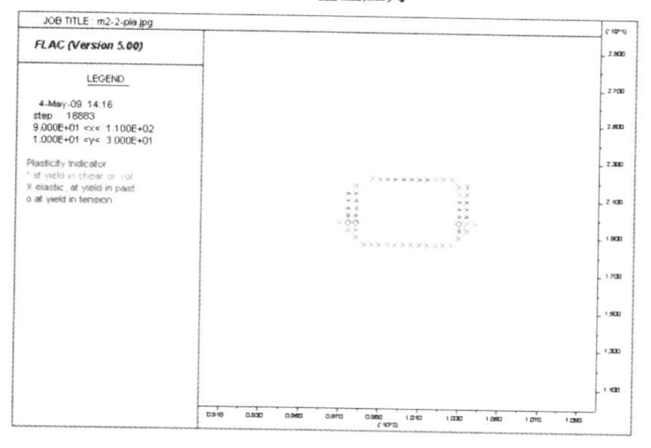

（d）塑性区

图 4-40(续)

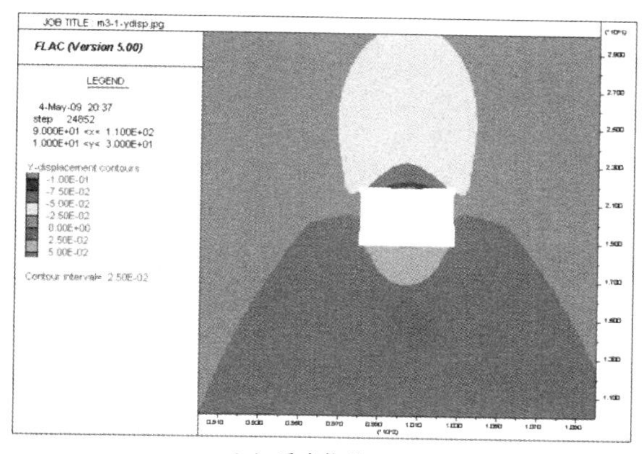

（a）垂直位移

图 4-41　模型七计算结果图

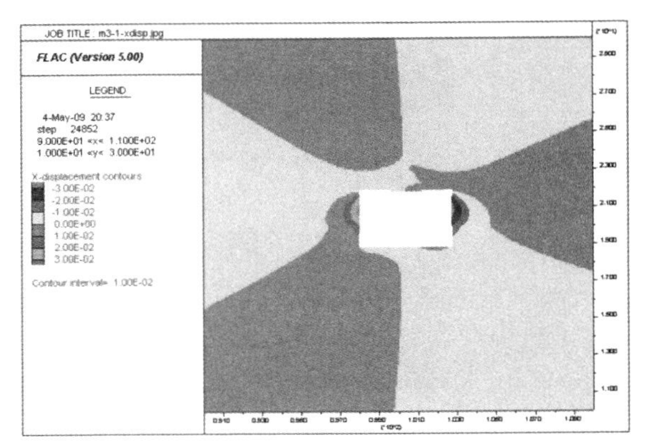

（b）水平位移

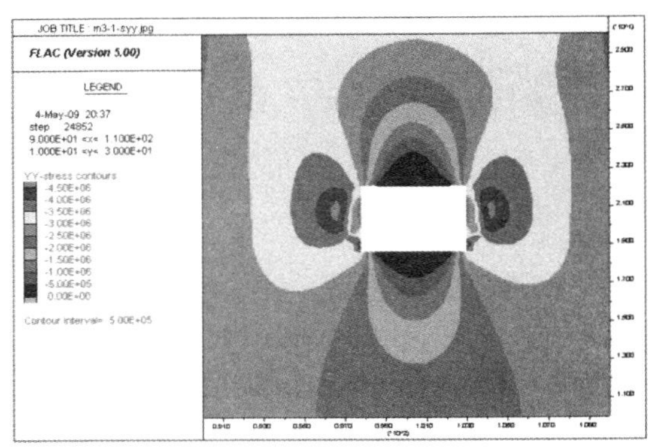

（c）垂直应力

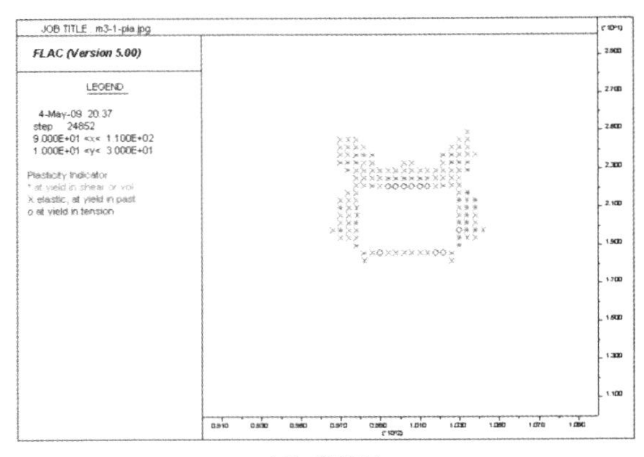

（d）塑性区

图 4-41(续)

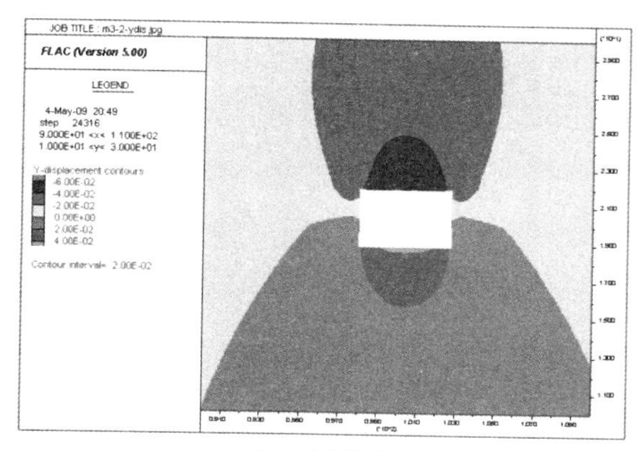

（a）垂直位移

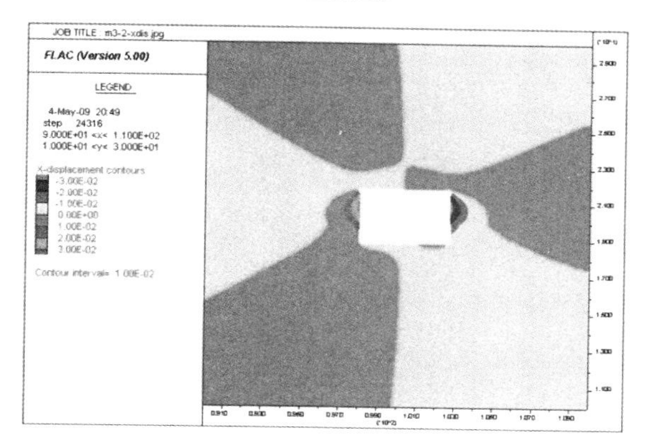

（b）水平位移

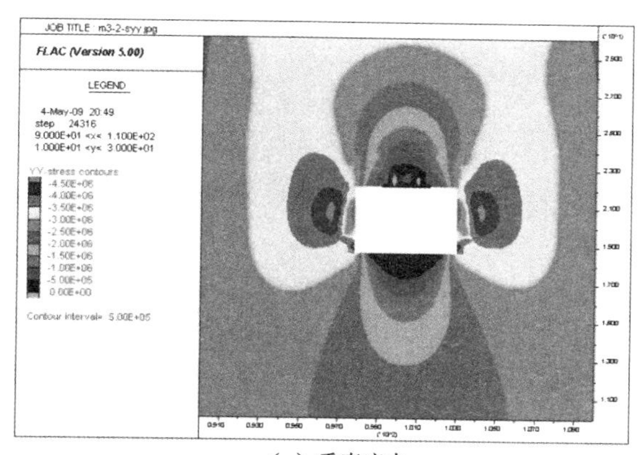

（c）垂直应力

图 4-42　模型八计算结果图

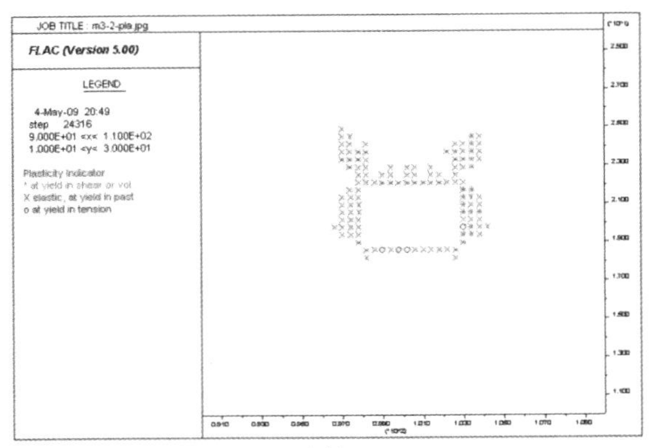

（d）塑性区

图 4-42(续)

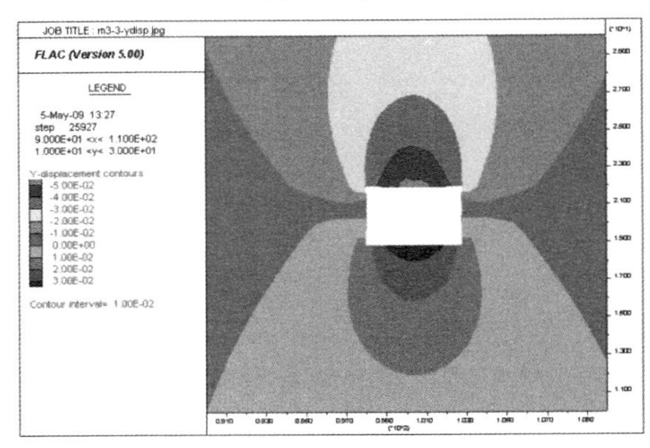

（a）垂直位移

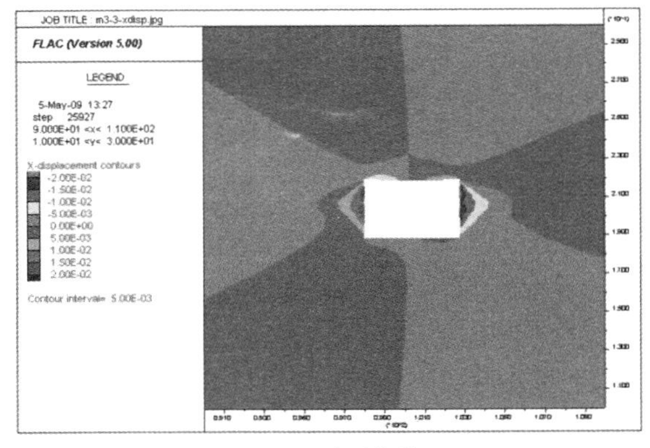

（b）水平位移

图 4-43 模型九计算结果图

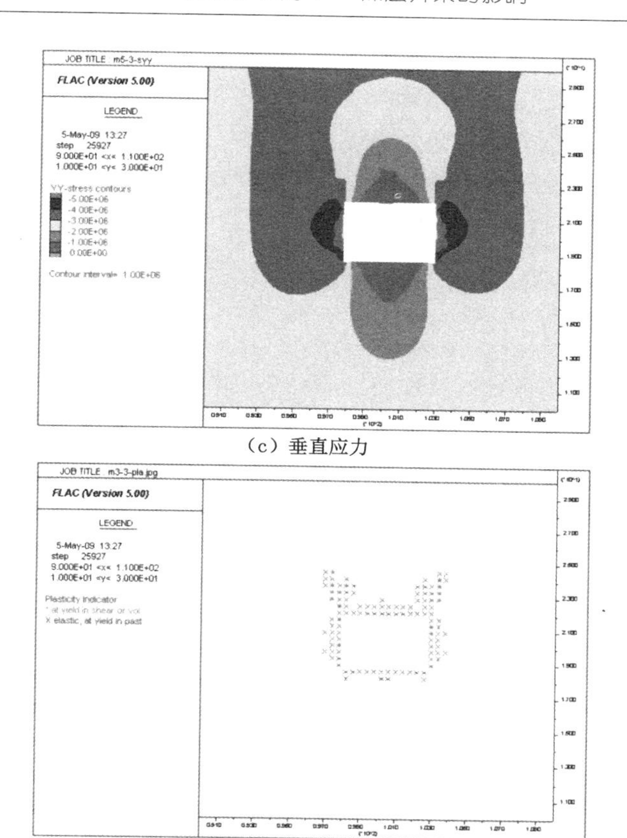

(c) 垂直应力

(d) 塑性区

图 4-43　模型九计算结果图

比较模型三、五、七可知：在无支护条件下，巷道位于小煤柱下方与大煤柱下方时，巷帮垂直应力为采空区下方的 1.68 倍、2.26 倍；顶板下沉量为采空区下方的 1.53 倍、3.6 倍，底鼓量为采空区下方的 1.5 倍、2.58 倍，煤帮变形为采空区下方的 1.23 倍、1.65 倍；塑性区范围也有很大的增加。可见上方煤柱支承压力的作用对底层巷道产生很大的影响，尤其对巷道顶底板围岩的影响最为剧烈。$4^{-2\text{上}}$煤层巷道的布置应尽量避开3^{-2}煤层的残留煤柱，将巷道布置在3^{-2}煤层采空区下方。

由以上数值模拟研究可得出：

(1) $4^{-2\text{上}}$煤层巷道采用沿底掘巷方式时，破坏了顶板的完整性，巷道变形量大于沿顶掘巷方式，因此，建议采用沿顶掘巷方式。

(2) $4^{-2\text{上}}$煤巷位于3^{-2}煤层煤柱下方时，巷道变形及破坏比位于采空区下方时大得多，尤其在大煤柱下方时更为严重，在 $4^{-2上}$ 煤层巷道布置时，应布置在采空区下方，尽量避开上方煤柱。

(3) $4^{-2上}$ 煤巷位于采空区及小煤柱下方时，采用 5 根锚杆＋3 根锚索的顶板支护可以有效地控制巷道围岩的变形破坏；但在大煤柱下方时，由于应力集中较严重，需要对巷道两帮打 3 根锚杆加以支护。

4.4 本章小结

本部分采用通用有限元软件 Abaqus 和离散元程序 UDEC 分别模拟了 3^{-2} 煤层房柱式采空区煤柱失稳引起的冲击载荷对 $4^{-2上}$ 煤层采准巷道影响和煤柱是否会发生骨牌效应，然后针对 3^{-2} 煤层采空区煤柱影响 $4^{-2上}$ 煤层安全回采的问题，提出了行之有效的煤柱治理措施。通过数值模拟和理论分析，得出如下结论：

(1) 煤柱宽度为 4 m 时，工作面推进 55 m 就发生了煤柱骨牌式失稳，当煤柱宽度为 5 m 和 6 m 时，工作面推进 75 m，煤柱发生骨牌式失稳，当煤柱宽度为 8 m 时，没有发生骨牌式失稳。通过综合分析，3^{-2} 煤层采区采后未放顶区域的煤柱，不会发生骨牌效应，采后放顶区的煤柱由于留设尺寸较大，一般为 8 m×8 m，也不会发生骨牌效应。

(2) 相同工作面推进距离，煤柱宽度越大，发生骨牌式失稳的可能性越小；反之，煤柱宽度越小，发生骨牌式失稳的可能性越大；相同工作面推进距离，煤柱宽度越大，发生煤柱骨牌式失稳引起的响应越小。

(3) 煤柱失稳前，巷道附近的有效应力 σ_{mises} 随着垂距 h 的增大而减小；巷道附近的 y 方向应力随着垂距 h 的增大而总体呈现先减后增的趋势。

(4) 煤柱失稳后，随着垂距 h 的增大，巷道周围等效塑性应变迅速减小，在 $h>6$ m 后，巷道周围等效塑性应变整体较小，发生冲击失稳的可能性较小，巷道不会被击穿；随着冲击载荷位置与煤巷中心线的水平距离的增大，巷道随冲击载荷的影响也相应减小，冲击载荷所在位置距离煤巷的水平距离越远，巷道因为冲击载荷影响而发生冲击失稳的可能性越小。由于 3^{-2} 煤层与 $4^{-2上}$ 煤层相距 7.49～21.85 m，间距大于 6 m，所以 $4^{-2上}$ 煤层煤巷掘进过程引起 3^{-2} 煤层采空区煤柱失稳，而导致顶板大面积垮落冲击底板的冲击载荷不会对煤巷造成巨大冲击影响，不会击穿巷道。

(5) $4^{-2上}$ 煤层巷道采用沿底掘巷方式时，破坏了顶板的完整性，巷道变形量大于沿顶掘巷方式，因此，采用沿顶掘巷方式。$4^{-2上}$ 煤巷位于 3^{-2} 煤层煤柱下方时，巷道变形及破坏比位于采空区下方时大得多，尤其在大煤柱下方时更为严重，在$4^{-2上}$煤层巷道布置时，应布置在采空区下方，尽量避开上方煤柱。

（6）$4^{-2上}$煤巷位于采空区及小煤柱下方时，采用5根锚杆＋3根锚索的顶板支护可以有效地控制巷道围岩的变形破坏；但在大煤柱下方时，由于应力集中较严重，需要对巷道两帮打3根锚杆加以支护。

5 刨煤机开采工艺研究

5.1 刨煤机开采设备选型

在对自动化刨煤机配套国产设备时，首先要明确全自动化刨煤机系统对国内每台设备技术性能、生产能力、安全可靠性的要求，从而确定哪些设备由国内生产配套。

（1）刨煤机选型

表 5-1 国内外刨煤机型号及主要参数

<table>
<tr><th colspan="3" rowspan="2">项目</th><th colspan="4">型号</th></tr>
<tr><th>MBJ-2A</th><th>BH26/2×75</th><th>BT26/2×75</th><th>GH9-38Ve/5.7</th></tr>
<tr><td colspan="2">机组长度</td><td>m</td><td>200</td><td>150</td><td>150</td><td>200</td></tr>
<tr><td colspan="2">生产率</td><td>t/h</td><td>200</td><td>250</td><td>250</td><td>900</td></tr>
<tr><td rowspan="6">刨煤</td><td>截深</td><td>mm</td><td>50～80</td><td>40、50、60、80</td><td>50～80</td><td>110</td></tr>
<tr><td>速度</td><td>m/s</td><td>0.42</td><td>0.67</td><td>0.67</td><td>1.76/0.88</td></tr>
<tr><td>功率</td><td>kW</td><td>2×40</td><td>2×75</td><td>2×75</td><td>2×400</td></tr>
<tr><td>外廓尺寸</td><td>mm</td><td>2 740×1 193×(380～860)</td><td>2 286×710×(730～1 230)</td><td>—</td><td>2 554×(800～1 675)(长×高)</td></tr>
<tr><td>刨链规格</td><td>mm</td><td>ϕ24×86</td><td>ϕ26×92</td><td>ϕ26×92</td><td>ϕ 38×126</td></tr>
<tr><td>刨链破断力</td><td>kN</td><td>≥706</td><td>≥833</td><td>≥833</td><td>1 450</td></tr>
<tr><td rowspan="2">刮板输送机</td><td>链速</td><td>m/s</td><td>0.86</td><td>1.07</td><td>1.07</td><td>1.32</td></tr>
<tr><td>功率</td><td>kW</td><td>2×40</td><td>2×75</td><td>2×75</td><td>2×400</td></tr>
<tr><td rowspan="5">液压推进系统</td><td>工作压力</td><td>MPa</td><td>9.8</td><td>10～15</td><td>15～20</td><td>30</td></tr>
<tr><td>流量</td><td>L/m</td><td>45</td><td>80</td><td>80</td><td>2×200</td></tr>
<tr><td>工作介质</td><td></td><td>乳化液</td><td>乳化液</td><td>乳化液</td><td>乳化液</td></tr>
<tr><td>推溜器收力</td><td>kN</td><td>38.46</td><td>38.46</td><td>38.46</td><td>160</td></tr>
<tr><td>推溜器行程</td><td>mm</td><td>700</td><td>700</td><td>700</td><td>750</td></tr>
</table>

表 5-1(续)

项目		型号			
		MBJ-2A	BH26/2×75	BT26/2×75	GH9-38Ve/5.7
机组总功率	kW	173	370	370	1 260
供电电压	V	660	660/1 140	660	1 140
机组质量	t	93.7	127	550 (含刮板输送机)	550 (含刮板输送机)
生产厂家		张家口煤矿机械有限公司	张家口煤矿机械有限公司	淮南煤矿机械有限公司	德国 DBT 公司

结合国内先进刨煤机工作面设备配套经验，考虑神东煤炭集团公司对煤矿安全高效的原则和采煤工作面配套技术的基本要求，本方案采用德国 DBT 公司型号为 GH9-38Ve/5.7 的刨煤机。

(2) 主要设备选型及技术参数

本方案采取“引进+国内配套”的方式引进 1 套德国 DBT 公司自动化刨煤机系统。工作面所用采煤设备为 GH9-38Ve/5.7 滑行刨，其他设备包括 PRT-GH-PF3/822 型端卸式输送机、SZZ-800/315 型转载机、PCM-160 型破碎机、ZY4800/06/16.5D 型液压支架、ZZHCY9600/9.4/16 型和 ZZHC7840/10.4/17 型巷旁充填液压支架、ZT2×4000/18/35 型超前支护替棚液压支架等。全自动刨煤机工作面设备配备见表 5-2。转载机技术参数见表 5-3，破碎机技术参数见表 5-4，输送机技术参数见表 5-5。

表 5-2 全自动刨煤机工作面设备配备表

序号	名称	规格型号	备注
1	液压支架	ZY4800/06/16.5D	国产
	巷旁充填液压支架	ZZHC7840/10.4/17,ZZHCY9600/9.4/16	
	超前支护替棚液压支架	ZT2×4000/18/35	
	端头支架	ZT6200/18/32	
2	刨煤机	GH9-38Ve/5.7	进口
3	输送机	PRT-GH-PF3/822	进口
4	转载机	SZZ-800/315	国产
5	破碎机	PCM-160	国产
6	带式输送机	SDJ/150,DSJ/160	国产
7	乳化液泵站	BRW400/31.5	国产
8	喷雾泵站	BPW-320/63	国产

表 5-2(续)

序号	名称	规格型号	备注
9	移动变电站	KBSGZY-500/6/0.69,KBSGZY-630/6/0.69,KBSGZY-1250/6/1.2,KBSGZY-1000/6/1.2,KBSGZY-800/6/1.2	国产
10	刨煤机馈电	KE1004,KBZ400,BKD9-400	进口
11	三机馈电	KBZ-630	国产

表 5-3　转载机技术参数

项目	参数	项目	参数
型号	SZZ-800/315	链条规格/mm	34×126
运输能力/(t/h)	1 200	刮板间距/mm	1 210
链速/(m/s)	1.52	电动机功率/kW	315(双速水冷)

表 5-4　破碎机技术参数

项目	参数	项目	参数
型号	PCM-160	最大输入块度/mm	800×800
破碎能力/(t/h)	2 000	主轴转速/(r/min)	370
破碎方式	锤式	锤头冲击速度/(m/s)	20
锤头数/个	8	电动机功率/kW	160

表 5-5　输送机技术参数

项目		参数
总长度/m		230
水平弯曲度/(°)		5
垂直弯曲度/(°)		7
溜槽规格/mm	中间标准型	1 505×822×549
	变线特殊型	
	调节备用型	755×822×549
载货板厚度/mm		30
封底板厚度/mm		20
天窗位置		每隔五个溜槽安装一个带天窗的溜槽

表 5-5(续)

项目		参数
机头驱动部	电动机型号	400/200(双速水冷)
	电压/V	1 140
	频率/Hz	50
	机架型号	KSKR1000(端卸式)
	减速器型号	KP25/35(行星伞齿轮减速器)
	减速比	33
机尾驱动部		与机头驱动部相同
链条规格/mm		34×126
链速/(m/s)		1.32
刮板间距/mm		756
链中心距/mm		150
连接销破断力/kN		2 000
哑铃式连接销破断力/kN		2 000

5.2 刨煤机开采方案设计

5.2.1 刨煤机核心技术概述

全自动化刨煤机系统的核心技术设备是薄煤层采煤工作面实现采、运、移自动化的技术关键,由刨煤机、刨头运行轨道、电液控制系统和电气自动化控制设备四大部分组成。刨煤机的工作是刨削煤壁、装煤;刨头运行轨道既是刨头的运行导轨,又是工作面煤块着落、连续运煤的装置,沿工作面铺设,与运输巷转载机首尾搭接;电液控制系统根据所确定的刨深,自动完成刨头运行轨道向工作面推进方向的定量推移,自动完成液压支架的降架、移架、拉架、升架及对工作面顶板进行支护;电气自动化控制设备根据工作面条件确定回采参数,对刨煤机工作面全部电力设备实现自动化控制。

5.2.2 巷道布置

(1) 巷道布置概况

根据唐公沟矿的井下运输条件,采面宜采用双巷布置,根据区段煤柱留设的计算,煤柱留设以 16 m 为宜。

（2）工作面运输巷

工作面运输巷为矩形断面，设计高度为 2.6 m，宽度为 5.4 m，断面为 14.04 m^2；采用钢带、锚杆、金属网联合支护，在断层破碎带附近及顶板淋水段采用 T 形棚支护；用于进风、运煤及辅助运输。

（3）工作面轨道巷

工作面轨道巷为矩形断面，设计高度为 2.6 m，宽度为 4.8 m，断面为12.48 m^2；采用钢带、锚杆、金属网联合支护，在断层破碎带附近及顶板淋水段为 T 形棚支护；用于工作面进风及辅助运输。

（4）工作面开切眼

由于刨煤机设备采煤的特殊性，采煤时平均采高只有 1.5 m，而安装时所需的高度在 2.2 m，因此采用留底破顶的方式以保证设备的正常安装，以及开采初期输送机及液压支架能够顺利进入煤层。工作面开切眼为矩形断面，设计宽为 7.0 m，高度为 2.4 m，断面积为 19.6 m^2，采用钢带、锚杆、金属网联合支护，用于安装设备及通风。

5.2.3 采煤工艺

24201 工作面采用走向长壁后退式一次采全高的刨煤机机械化采煤法，采空区顶板自然垮落法管理。

（1）采煤工艺流程

刨煤机割煤、装煤→刮板输送机运煤→推移输送机→电液控制系统控制拉移支架→支护顶板。

（2）落煤方式

采用端头斜切进刀双向穿梭式的割煤方法，刨头往返工作面刨煤，然后合理调整两端头和中间段刨深使工作面输送机达到平直状态。工作面所有支架动作一次为割煤一个循环，循环进度为 600 mm。刨头由机头向机尾方向运行为上行，上行最大速度为 1 760 mm/s，最大刨深为 70 mm；刨头由机尾向机头方向运行为下行，下行最大速度为 880 mm/s，最大刨深为 50 mm。刨煤机一次截深为 110 mm，刨煤速度为 1.76 m/s，循环进尺为 600 mm。斜切进刀方式见图 5-1。

（3）装煤、运煤方式

刨头在运行落煤的同时，进行装煤，采出的煤由输送机运出工作面，经端卸式输送机机头进入转载机，之后进入工作面运输巷。

（4）顶板控制方式

工作面采用两柱掩护式液压支架维护顶板，液压支架在电液控制系统的控制下自动拉移。

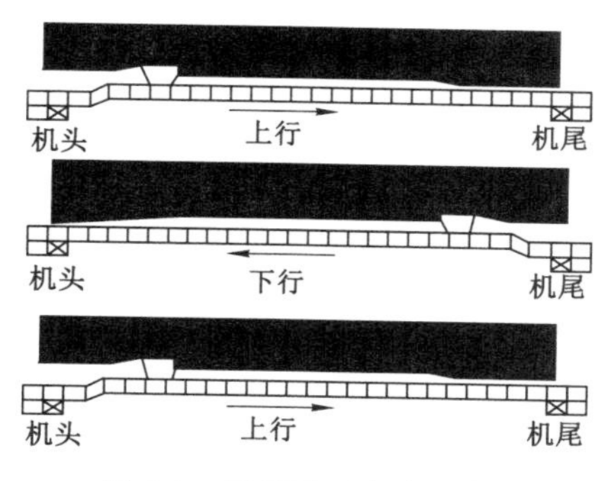

图 5-1 斜切进刀方式示意图

5.2.4 应用效果预计

(1) 实现工作面自动化和无人化。

(2) 提高工作面产量。刨煤机运行速度快,刨煤速度为 1.76 m/s,刨深为 0.11 m,在平均厚度为 1.7 m 中厚偏薄煤层中,日产量不低于 3 000 t,年生产能力可达到 100 万 t。

(3) 提高工作效率。刨煤机、输送机、液压支架可实现自动运行,工作面内不需要人工操作,人员只需在两端头维护,因此较普通采煤方法节省了许多人力,工作面效率可达 50 t/工。

(4) 有利于工作面顶板管理。刨煤机运行速度快,采用定高开采,浅截深多循环落煤方式,割煤后顶板裸露时间短,顶板压力小,有利于顶板管理。

(5) 有利于安全生产。刨煤机为静力刨煤,成块率较高,耗能少,而且煤尘生成量较少。

(6) 对煤层适应性好。由于刨煤机对煤层厚度适应范围大,割煤时可随着煤层厚度变化而调整,有利于提高煤质,降低洗煤成本。

5.3 本章小结

(1) 结合国内先进刨煤机工作面设备配套经验,考虑到神东煤炭集团公司对煤矿安全高效的原则和采煤工作面配套技术的基本要求,本方案采用德国 DBT 公司型号为 GH9-38Ve/5.7 的刨煤机。

(2) 刨煤机开采方式可实现工作面自动化和无人化,刨煤机运行速度快,刨煤速度为 1.76 m/s,刨深为 0.11 m,在平均厚度为 1.7 m 中厚偏薄煤层中,日产量不低于 3 000 t,年生产能力可达到 100 万 t。

6 滚筒采煤机开采工艺研究与区段煤柱确定

6.1 滚筒采煤机工作面设备选型

6.1.1 液压支架的选型

选型原则和要求:① 支架的初撑力和工作阻力要适应直接顶和基本顶岩层移动产生的压力;② 支架的结构和支护特性,要能适应和保护暴露顶板的完整性;③ 支架底座要适应底板岩石的抗压强度;④ 支架支撑高度要与采高或煤层厚度相适应;⑤ 支架的安全性能要好。

支架支护强度计算式为

$$P = KM\gamma$$

式中 M——采高,取 2.0 m;

γ——直接顶岩层密度,取平均值 2.31 t/m^3;

K——工作面支架每架应该支护的上覆岩层厚度与采高之比,一般为 4~8,为了安全,取最大值 8。

则 $P=8\times2.0\times2.31=36.96(\mathrm{t/m^2})$。

支架支护阻力计算式为

$$P_0 = 9.8PS$$

$$S = L_M L_0$$

支架最大控顶距计算式为

$$L_M = L_1 + L_2 + L_3$$

式中 L_1——顶梁长度,取 4 800 mm;

L_2——端面距,取 498 mm;

L_3——截深,取 1 000 mm;

L_0——支架宽度,取 1.750 m。

则 $P_0=36.96\times(4.8+0.498+1)\times1.750\times9.8=3\ 992(\mathrm{kN})$。

由于 $4^{-2上}$ 煤层在 3^{-2} 煤层房柱式采空区下方,回采时受上方 3^{-2} 煤层采空区煤柱集中压力的影响，顶板压力可能远远大于上述公式计算结果，故选用波兰TAGOR公司生产的工作阻力为9 323 kN的二柱式掩护支架，该支架型号为TAGOR(1.1/2.2)完全能够满足顶板支护的要求。TAGOR(1.1/2.2)液压支架主要技术特征见表6-1。

表6-1 TAGOR(1.1/2.2)液压支架主要技术特征

项目	参数	项目	参数
工作阻力/kN	9 323	中间架支撑高度/mm	1 100～2 200
支架中心距/mm	1 750	移架步距/mm	1 000
初撑力/kN	7 140	中间架质量/t	24
端头支架支撑高度/mm	1 300～2 600	过渡支架质量/t	27

6.1.2 采煤机的选型

滚筒采煤机是机械化采煤工作面的主要设备，在特定的煤层厚度、硬度、倾角及硬底板条件下，如何根据采煤工作面设计能力，正确选择采煤机，对安全高效矿井建设起到关键作用。但是，由于煤岩物理机械性质复杂，采煤机有些主要性能参数，还不能通过理论精确计算。另外，机械化采煤工作面的采煤机与支护设备、运输设备，在性能和尺寸等方面也有严格的配套要求。因此，在合理选型过程中，有些参数可通过计算确定，有些参数要经过综合分析确定。

(1) 采煤机最大最小采高的计算

采煤机最大最小采高的确定必须在液压支架选定的情况下进行，本方案所选定的液压支架技术特征见表6-1。

采煤机最大最小采高的计算应当参考支架规格，采煤机最大采高M_{max}为

$$M_{max} = H_{max} - S_1$$

采煤机最小采高M_{min}为

$$M_{min} = H_{min} + S_2 (m)$$

式中 H_{max}，H_{min}——支架的最大、最小结构高度，m；

S_1——伪顶厚度，一般取0.2～0.3 m，这里取0.2 m；

S_2——考虑顶板周期来压时的下沉量与底座下的浮矸厚度，一般取0.25～0.35 m，这里取0.3 m。

则$M_{max}=2.2-0.2=2.0(m)$，$M_{min}=1.1+0.3=1.4(m)$。

(2) 采煤机满足工作面生产能力的最小生产率的计算

在采煤过程中，由于处理故障、检查和更换刀具、等待支护、处理片帮等，经

常出现停顿,采煤机的实际生产率比理论生产率小得多。为了表明上述因素的影响,可用有效开动率来表示。有效开动率是指采煤机在一天或一班内有效工作时间与一天或一班占有时间的比值,它是设备性能与质量、组织管理水平,操作技术水平等方面的综合性指标。

当采煤工作面生产能力已知,考虑有效开动率,则采煤机满足工作面生产能力。

必须具备的最小生产率 Q_{min} 为

$$Q_{min} = \frac{W}{t\eta}$$

式中 W——采煤工作面的日平均产量,取 3 640 t/d;

t——每日工作小时数,取 16 h;

η——采煤机有效开动率,取 0.6。

则 $Q_{min} = \frac{3\ 640}{1.6 \times 0.6} = 379.2$(t/h)。

(3) 采煤机截深的计算

在采煤工作面的日平均产量、工作面长度、煤层平均厚度、煤的密度、日进刀数等条件已知的情况下,可以用下式来计算采煤机截深 B:

$$B = \frac{W}{LhR\gamma}$$

式中 W——采煤工作面的日平均产量,取 3 640 t/d;

L——工作面长度,取 250 m;

h——采煤机平均采高,1.7 m;

R——日进刀数,取 8 刀/d。

γ——煤的密度,取 1.35 t/m^3。

则 $B = \frac{3\ 640}{250 \times 1.7 \times 8 \times 1.35} = 0.793 \approx 0.80 = 800$(mm)。

中厚煤层截深可取 0.6～0.8 m,厚煤层为了减少片帮及支架的载荷,截深宜取小,可取 0.5 m 左右。薄煤层由于人员行走困难,牵引速度比较低,为了保证有较大的生产率,截深可取 0.8～1 m,本方案取 0.8 m。

(4) 根据采煤机最小生产率 Q_{min} 确定牵引速度 V

$$V = \frac{Q_{min}}{60HB\gamma}$$

式中 Q_{min}——采煤机最小生产率,取 379.2 t/h;

B——截深,取 0.8 m;

γ——煤的密度,取 1.35 t/m^3。

则 $V=\frac{379.2}{60\times1.7\times0.8\times1.35}=3.44$(m/min)。

(5) 采煤机电动机功率的计算

采煤机在截割和装载过程中受很多因素影响,所需电机功率大小常用类比法或比能耗法确定。采用比能耗法确定电机功率,是根据采煤机生产率和比能耗(截割单位体积或重量煤岩所消耗的能量)试验资料来估算,如果比能耗值确定的适当,计算结果就接近实际。

取截割阻抗(截齿截割单位切屑厚度所对应的截割阻力)$A=180\sim200$ N/min 的煤为基准煤。当滚筒采煤机以不同的牵引速度截割时,包括牵引部及辅助液压系统在内,其比能耗值如表 6-2。

表 6-2 螺旋滚筒采煤机比能耗

牵引速度 V/(m/min)	2	3	4	5	6
比能耗 H_{wn}(kW·h/t)	0.50	0.44	0.42	0.40	0.38

如果被截割的煤层,其截割阻抗不同于上述基准煤,可按下式估算比能耗值。

$$H_{wx}=\frac{A_x}{A}\cdot H_{wn}$$

式中 A——基准煤的截割阻抗,取 190 N/min。

A_x——被截割煤的截割阻抗,可按下述关系选取:$f<1.5$ 的软煤,$A_x=30\sim180$ N/mm;$f=1.5\sim3$ 的中硬煤,$A_x=180\sim240$ N/mm;$f>3$的硬煤,$A_x=240\sim360$ N/mm,4^{-2}上煤层煤的硬度 $f=1\sim2$,取 $A_x=180$ N/mm;

H_{wn}——基准煤比能耗,见表 6-2,牵引速度 $V=3.44$ m/min,所以取 0.44。

则 $H_{wx}=\frac{180}{190}\times0.44=0.417$(kW·h/t)。

单滚筒采煤机电机功率可用下式来估算:

$$N=\frac{QH_{wx}}{K}$$

式中 Q——采煤机截割时的实际生产率,取 202 t/h;

K——功率利用系数,用一台电机驱动时取 1,两台电机分别驱动取 0.8,这里取 0.8。

则 $N=\frac{202\times0.417}{0.8}=105.3$(kW)。

双滚筒采煤机，前、后滚筒截割条件不同，后滚筒截煤时，前滚筒已把上部煤采完，为后滚筒多创造一个自由面。若以 H_{wx} 表示前后滚筒截割比能耗，后滚筒截割比能耗 H'_{wx} 为

$$H'_{wx} = K'H_{wx}$$

式中　K'——后滚筒工作条件系数，可由表 6-3 选取，取 0.8。

则 $H'_{wx} = 0.8 \times 0.417 = 0.334$(kW·h/t)。

表 6-3　后滚筒工作条件系数

滚筒转向	后滚筒开采煤层部位	
	下部	上部
向前滚筒截割出的自由面	0.8	0.7
逆前滚筒截割出的自由面	1	0.9

如果滚筒直径按最大采高的 60%选取，则双滚筒采煤机电机功率为

$$N = \frac{Q}{KK'}(0.6H_{wx} + 0.4H'_{wx})$$

$$= \frac{202}{0.8 \times 0.8} \times (0.6 \times 0.417 + 0.4 \times 0.334)$$

$$= 121.14\ (\text{kW})$$

(6) 滚筒直径的计算

滚筒直径应满足采高的要求。双滚筒采煤机滚筒直径应大于最大采高的一半，可按 $D=(0.54\sim0.6)M_{max}$ 来确定。

$D=0.54\times M_{max}=0.54\times 2=1.08$ m，取 1.2 m。

根据以上参数计算情况，结合采煤机与支护设备、运输设备在性能和尺寸等方面的配套要求，再加以综合分析确定，选择采煤机型号及技术特征见表 6-4。

表 6-4　采煤机型号及技术特征

项目	参数
截割高度/m	1.50～2.95
总装机功率/kW	2×150+75
供电电压/V	1 140
滚筒直径/mm	ϕ1 000，ϕ1 200
截深/mm	630，800
牵引力/kN	400

表 6-4(续)

项目	参数
牵引速度/(m/min)	0～0.77
除尘方式	内喷雾
主机外形尺寸(长×宽×高)/mm	10 206×1 730×1 100
主机质量/t	30
最大不可拆卸尺寸(长×宽×高)/mm	2 440×1 572×810
最大不可拆卸质量/t	3

6.1.3 输送机及其他主要设备的选型

(1) 工作面刮板输送机

根据计算结果,工作面选用 SGZ830/630 型刮板输送机完全能够满足要求,电机功率为 630 kW,输送能力为 1 200 t/h。配套的转载机型号为 SZZ830/160,电机功率为 160 kW,输送能力为 1 200 t/h。破碎机型号为 PCM160,电机功率为 160 kW,破碎能力为 2 000 t/h。

工作面运输巷带式输送机参数如下:带宽为 1 200 mm,输送能力为 700 t/h,总长为 1 650 m,带速为 3.15 m/s,采用 PVC800S 整芯阻燃型胶带,双滚筒二电机驱动,电机功率为 2×185 kW,采用 M3PSF50 减速器,传动比$i=20$,配 YOTCS500 型调速型液力偶合器、制动器,拉紧装置选用头部可伸缩带式输送机液压自动拉紧装置,尾部设自移机尾装置。

(2) 乳化液泵站

选用 LRB360/31.5 型乳化液泵站,配套液箱为 RX400/25(容积为 2 500 L)。主要技术参数如下:

功率:250 kW;

电压:1 140 V;

额定流量:360 L/min;

额定压力:31.5 MPa。

(3) 喷雾泵站

选用 KPB-360/16A 型喷雾泵站,主要技术参数如下:

功率:125 kW;

电压:1 140 V;

额定流量:360 L/min;

额定压力:16 MPa。

6.2 区段煤柱的安全宽度数值模拟

区段煤柱宽度与回采巷道支护、维护成本、安全生产以及煤炭资源采出率密切相关，区段煤柱宽度选择是否合理，对保证安全高效生产至关重要。为了合理确定区段煤柱宽度，根据煤层条件及诸多生产因素，采用数值模拟的方法确定区段煤柱宽度。

数值模拟软件因其具有很强的运算功能可以同时具有模拟不同地质条件、不同煤柱宽度甚至是不同支护强度下煤柱的受力、变形等状况，具有一定的优越性。采用 $RFPA^{2D}$ 数值模拟软件模拟不同区段煤柱宽度，在工作面回采期间，区段煤柱破坏情况和区段煤柱两侧上覆岩层产生的裂隙是否贯通。合理的区段煤柱宽度留设能达到区段煤柱不破坏，且煤柱两侧上覆岩层产生的裂隙不贯通。

本数值模拟部分主要研究的内容是分析 3^{-2} 煤层、5^{-1} 煤层、$4^{-2上}$ 煤层开采时所预留的合理的防串通煤柱宽度。由于 $4^{-2上}$ 煤层与 3^{-2} 煤层之间的距离在 14.68 m 左右，属于近距离煤层，所以需要在同一模型内进行模拟分析。

6.2.1 3^{-2}、$4^{-2上}$、5^{-1} 煤层开采 $RFPA^{2D}$ 数值模拟模型建立及参数选择

根据唐公沟井田综合柱状图等资料，为了便于计算，对岩层分层特性做了合并均匀化处理(见表 3-1)，建立了与实际情况基本吻合的力学模型和数值计算模型，如图 6-1 和图 6-2 所示。采用平面应变模型，建立的数值模型水平方向为 300 m，垂直方向为 160 m。数值计算时此模型被划分为 1 m×1 m 的正方形网格共 300×160＝48 000 个。其边界条件为左侧和右侧边界约束水平位移，底部边界约束垂直方向位移，岩层只受自重应力，模拟 3^{-2}、$4^{-2上}$、5^{-1} 煤层中两相邻工作面中间分别留设不同宽度的煤柱，分析在留设不同宽度的煤柱时两工作面间的顶板中的裂隙是否沟通，留设煤柱是否发生破坏。由于工作面宽度为 100 m时已经达到完全采动，可以反映裂隙发育规律和煤柱破坏极限，所以数值模拟时工作面宽度最大达到 100 m，工作面从左到右开挖，开挖长度为 100 m，每个开挖步距为 100 m，在 3^{-2}、$4^{-2上}$、5^{-1} 各煤层中都开挖 2 步，共开挖 6 步。岩层与岩层之间设有强弱不等的层理。模型中岩层亮度越高，说明其弹性模量越大。

6.2.2 数值模拟结果分析

根据建立的平面应变分析模型，利用 $RFPA^{2D}$ 软件数值模拟了唐公沟矿 3^{-2} 煤层、$4^{-2上}$ 煤层、5^{-1} 煤层由上自下开采后不同宽度的防串通煤柱下的工作面上

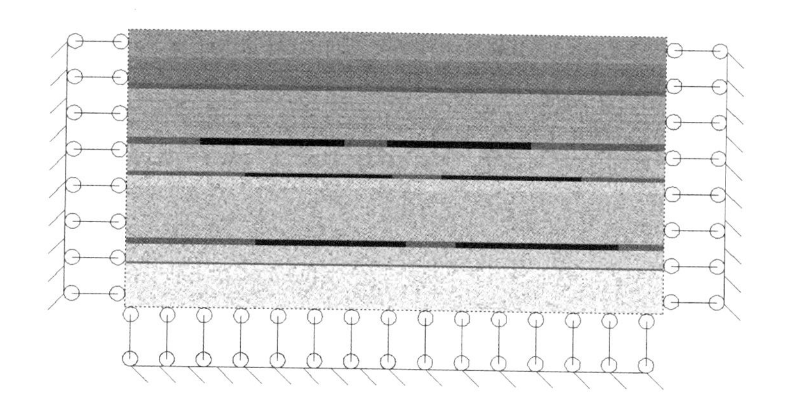

图 6-1　工作面裂隙发育规律力学模型

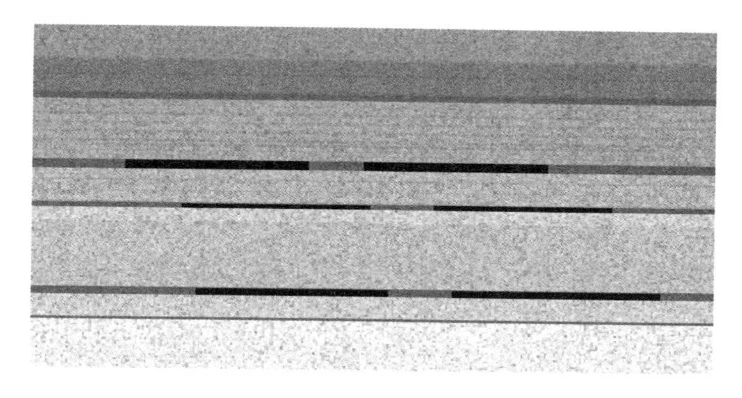

图 6-2　工作面裂隙发育规律数值计算模型

方顶板中的裂隙发育全过程。防串通煤柱宽度分别取 8 m、10 m、12 m、14 m、16 m、18 m、20 m、22 m、24 m、26 m、28 m、30 m、35 m，共建立 13 个模拟模型，根据计算结果得出顶板中的裂隙发育过程的图像，并分析了裂隙演化过程，得出了各煤层合理的防串通煤柱宽度。

(1) 模型 1:3^{-2}、$4^{-2上}$、5^{-1}煤层预留煤柱宽度均为 8 m 时工作面裂隙演化过程

由图 6-3 可知，3^{-2}煤层工作面首次开挖 100 m 时采空区上方以正立梯形状大面积垮落，裂隙只在采空区上方发育，裂隙发育高度达到采空区上方 20 m 左右，预留 8 m 煤柱后再次开挖一相邻工作面，这时采空区上方进一步垮落，裂隙发育高度增加，达到 30 m 左右，上层的 2^{-2}煤层已经受到影响，有裂隙产生，煤柱上方产生大量裂隙，使煤柱两侧的岩层裂隙串通，煤柱两侧大部分发生破坏；

随着 $4^{-2\text{上}}$ 煤层的开采，3^{-2} 煤层与 $4^{-2\text{上}}$ 煤层之间的岩层先是以正立梯形状发生大面积垮落，接着两层之间裂隙相互沟通，整个岩层垮落，煤柱完全破坏，裂隙发育高度再次增加，达到 35 m 左右，成倒立梯形状发育；随着 5^{-1} 煤层的开采，5^{-1} 煤层采空区上方岩层以正立梯形状垮落，垮落高度在 10 m 左右，裂隙成倒立梯形状发育，发育高度达到 25 m 左右，煤柱上方产生大量裂隙，煤柱两侧裂隙已经串通，煤柱已经完全破坏，但 $4^{-2\text{上}}$ 煤层以上岩层的垮落以及裂隙的发展基本上没什么变化。

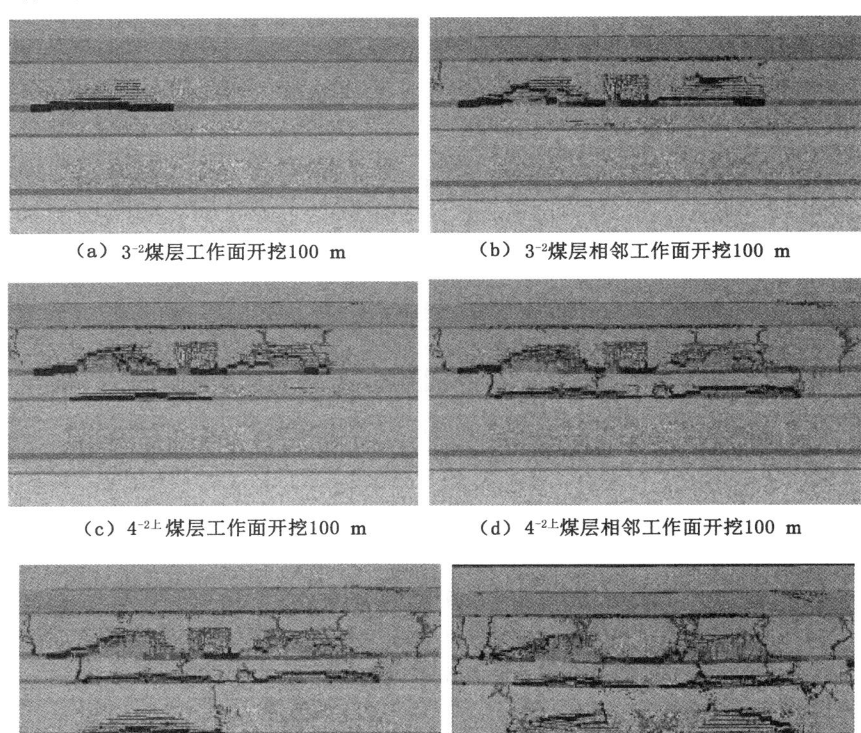

（a）3^{-2}煤层工作面开挖100 m　（b）3^{-2}煤层相邻工作面开挖100 m

（c）$4^{-2\text{上}}$煤层工作面开挖100 m　（d）$4^{-2\text{上}}$煤层相邻工作面开挖100 m

（e）5^{-1}煤层工作面开挖100 m　（f）5^{-1}煤层相邻工作面开挖100 m

图 6-3　模型 1 的工作面裂隙演化过程图示

(2) 模型 2:3^{-2}、$4^{-2\text{上}}$、5^{-1}煤层预留煤柱宽度均为 10 m 时工作面裂隙演化过程

由图 6-4 可知，预留煤柱宽度为 10 m 时，3^{-2} 煤层开采后，采空区上方以正立梯形状垮落，垮落高度在 9 m 左右，裂隙以倒立梯形状发育，裂隙发育高度在 28 m 左右，但没有明显的弯曲下沉带，煤柱上方产生较少裂隙，煤柱两侧的岩层

裂隙没有沟通，煤柱两侧发生部分破坏但煤柱还存在弹性区，能起到保护作用；$4^{-2上}$煤层开采后，$4^{-2上}$煤层采空区上方以正立梯形状垮落，垮落高度在 6 m 左右，裂隙以倒立梯形状发育，发育高度达到 15 m 左右，致使 3^{-2}与 $4^{-2上}$两煤层之间已经沟通，煤柱上方产生少量裂隙但煤柱发生完全破坏，3^{-2}煤层采空区上方进一步垮落，垮落高度达到 10 m 左右，裂隙也进一步发育，甚至有少量裂隙发育至地表，煤柱发生完全破坏；5^{-1}煤层开采后，采空区上方以正立梯形状垮落，垮落高度在 10 m 左右，裂缝带以倒立梯形状发育，发育高度在 24 m 左右，煤柱上方产生大量裂隙，裂缝带近似成矩形状，煤柱两侧裂隙已经沟通，煤柱发生完全破坏，但 $4^{-2上}$煤层以上岩层中的裂隙发育不明显，垮落带也没有明显变化。

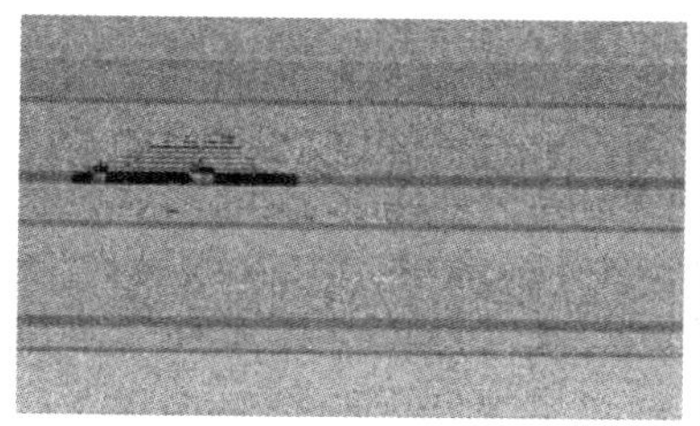

(a) 3^{-2}煤层工作面开挖100 m

(b) 3^{-2}煤层相邻工作面开挖100 m

(c) $4^{-2上}$煤层工作面开挖100 m

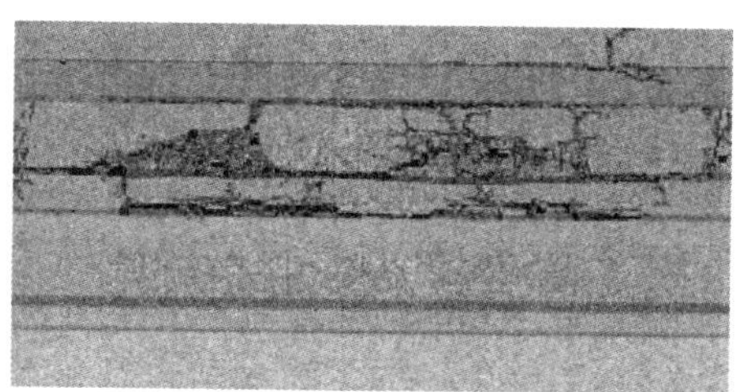

(d) $4^{-2上}$煤层相邻工作面开挖100 m

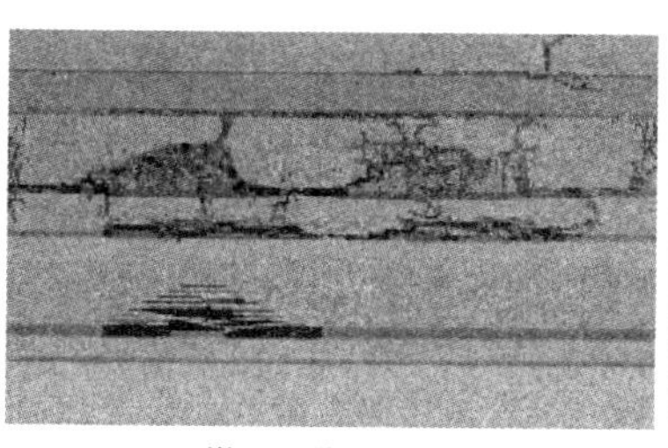

(e) 5^{-1}煤层工作面开挖100 m

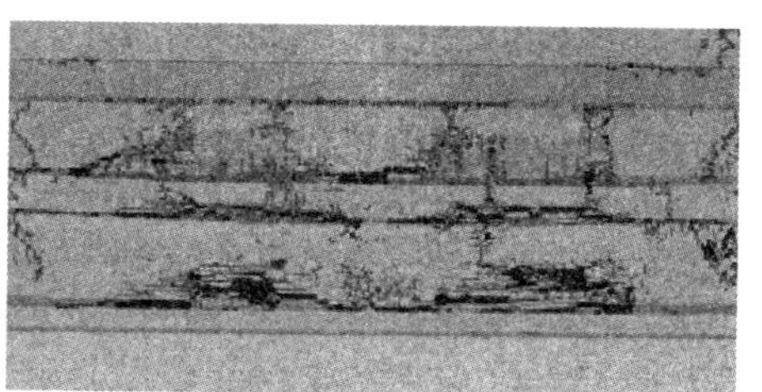

(f) 5^{-1}煤层相邻工作面开挖100 m

图 6-4 模型 2 的工作面裂隙演化过程图示

（3）模型 3：3^{-2}、$4^{-2\text{上}}$、5^{-1}煤层预留煤柱宽度均为 12 m 时工作面裂隙演化过程

由图 6-5 可知，预留煤柱宽度为 12 m 时，3^{-2}煤层开采后，采空区上方以正立梯形状垮落，垮落面积比预留煤柱宽度为 10 m 时明显变小，垮落高度在 8 m 左右，裂隙仅在采空区上方发育，裂隙发育高度在 26 m 左右，没有明显的弯曲下沉带，煤柱上方产生较少裂隙，煤柱两侧的岩层裂隙没沟通，煤柱两侧发生部分破坏但煤柱还存在弹性区，能起到保护作用；$4^{-2\text{上}}$煤层开采后，$4^{-2\text{上}}$煤层采空区上方以正立梯形状垮落，垮落高度在 5 m 左右，裂隙以倒立梯形状发育，发育高度达到 15 m 左右，致使 3^{-2}与 $4^{-2\text{上}}$两煤层之间沟通，煤柱上方产生大量裂隙但煤柱没有发生完全破坏，3^{-2}煤层采空区上方进一步垮落，垮落高度达到 10 m 左右，裂隙也进一步发育，甚至有少量裂隙发育至地表，3^{-2}煤层煤柱发生完全破坏；5^{-1}煤层开采后，采空区上方以正立梯形状垮落，垮落高度在 9 m 左右，裂缝带以倒立梯形状发育，发育高度在 23 m 左右，煤柱上方产生大量裂隙，裂缝带近似成矩形状，煤柱两侧有少部分裂隙沟通，煤柱发生部分破坏，但 $4^{-2\text{上}}$煤层以

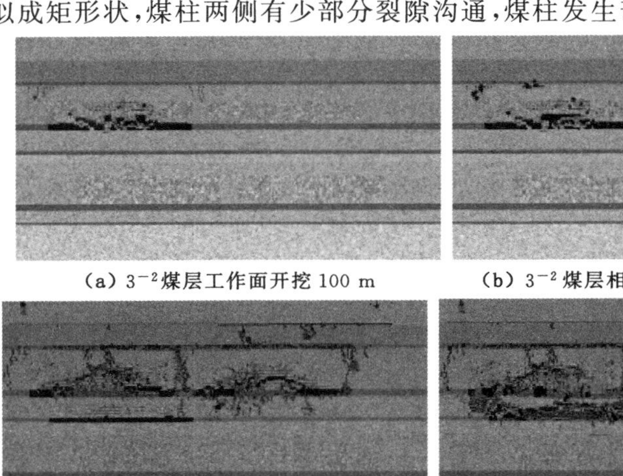

（a）3^{-2}煤层工作面开挖 100 m

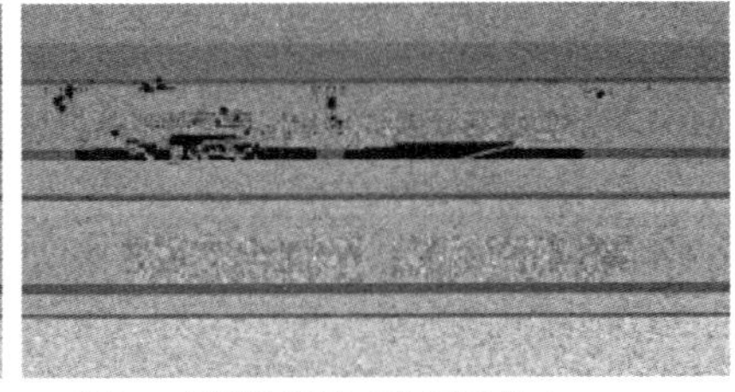

（b）3^{-2}煤层相邻工作面开挖 100 m

（c）$4^{-2\text{上}}$煤层工作面开挖 100 m

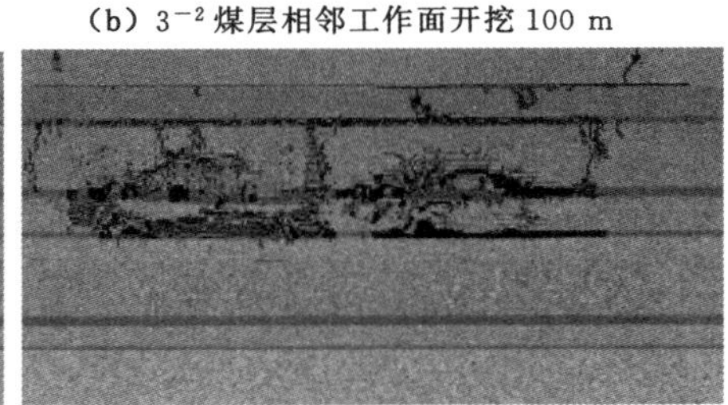

（d）$4^{-2\text{上}}$煤层相邻工作面开挖 100 m

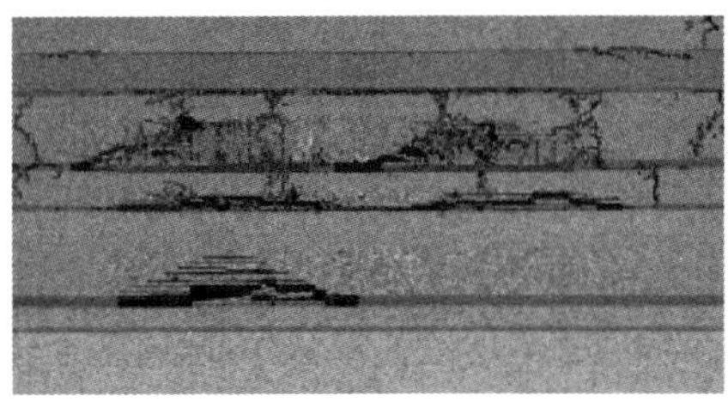

（e）5^{-1}煤层工作面开挖 100 m

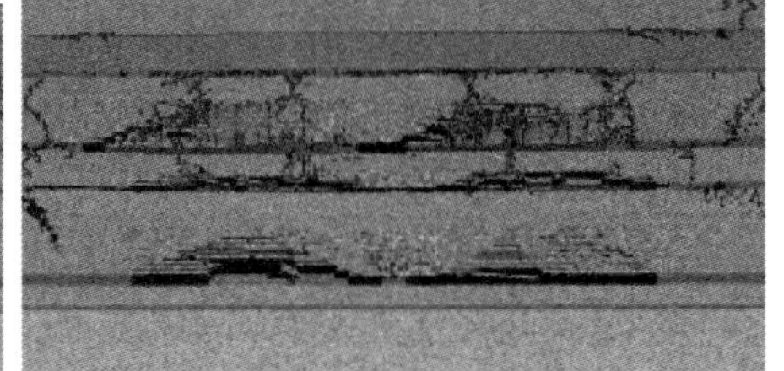

（f）5^{-1}煤层相邻工作面开挖 100 m

图 6-5　模型 3 的工作面裂隙演化过程图示

上岩层中的裂隙发育不明显，垮落带也没有明显变化。

（4）模型 4：3^{-2}、$4^{-2\text{上}}$、5^{-1}煤层预留煤柱宽度均为 14 m 时工作面裂隙演化过程

由图 6-6 可知，预留煤柱宽度为 14 m 时，3^{-2}煤层开采后，采空区上方以正立梯形状垮落，垮落高度在 7 m 左右，裂缝带以倒立梯形状发育且主要分布在采空区上方，裂隙发育高度在 25 m 左右，但没有明显的弯曲下沉带，煤柱上方产生大量裂隙，裂缝带近似矩形状，但煤柱两侧的岩层裂隙没沟通，煤柱两侧发生部分破坏但煤柱还能起到保护作用；$4^{-2\text{上}}$煤层开采后，$4^{-2\text{上}}$煤层采空区上方以正立梯形状垮落，垮落高度在 5 m 左右，裂隙以倒立梯形状发育，发育高度达到 15 m 左右，致使 3^{-2}与 $4^{-2\text{上}}$两煤层之间沟通，煤柱上方产生少量裂隙，煤柱两侧的裂隙没有串通，煤柱两侧发生部分破坏，3^{-2}煤层采空区上方进一步垮落，垮落高度达到 8 m 左右，裂隙也进一步发育，有少量裂隙发育至地表，3^{-2}煤层煤柱发生完全破坏；5^{-1}煤层开采后，采空区上方以正立梯形状垮落，垮落高度在 8 m

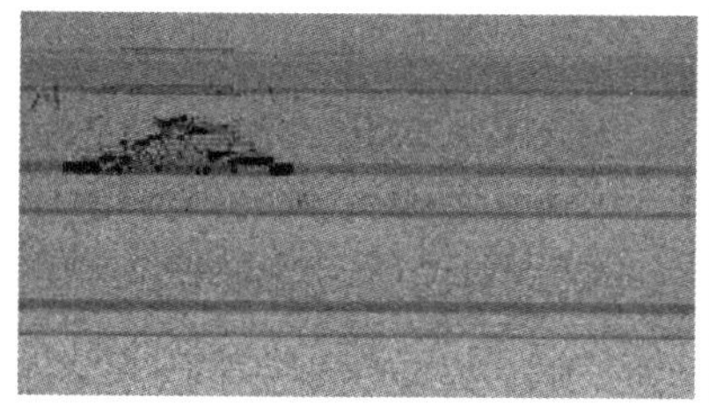

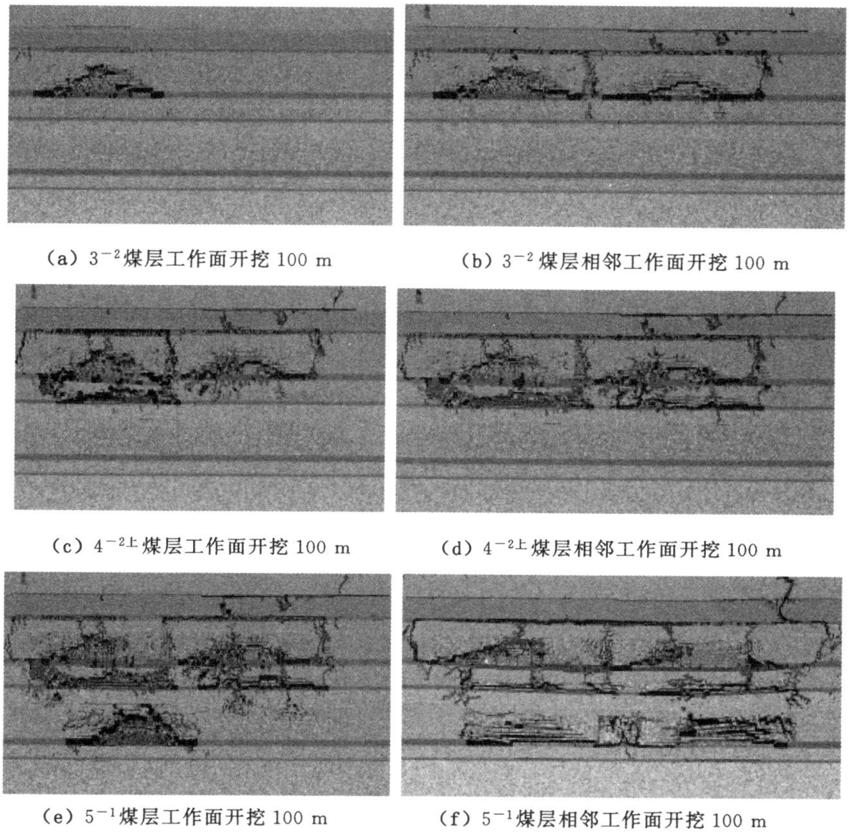

（a）3^{-2}煤层工作面开挖 100 m

（b）3^{-2}煤层相邻工作面开挖 100 m

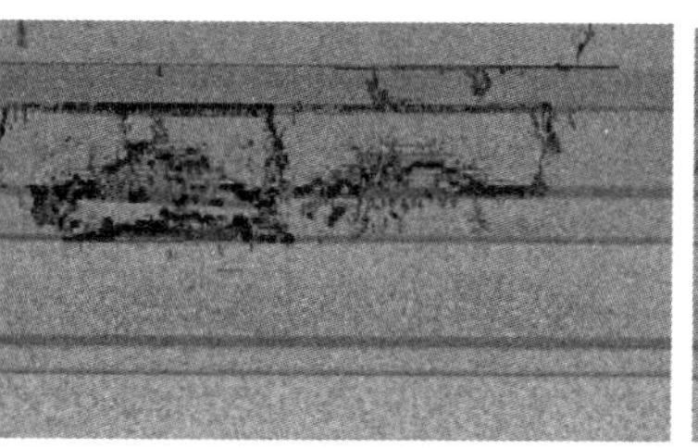

（c）$4^{-2\text{上}}$煤层工作面开挖 100 m

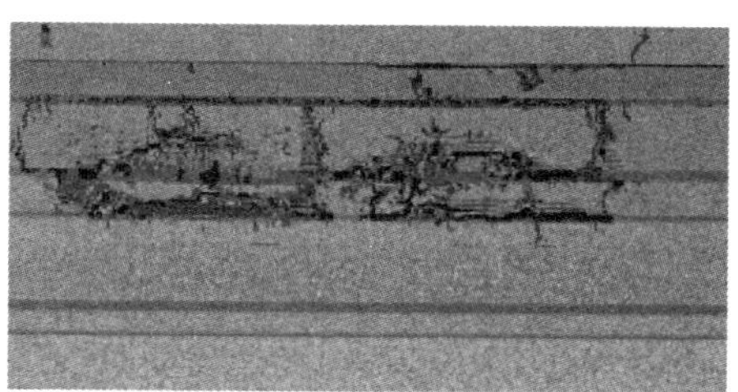

（d）$4^{-2\text{上}}$煤层相邻工作面开挖 100 m

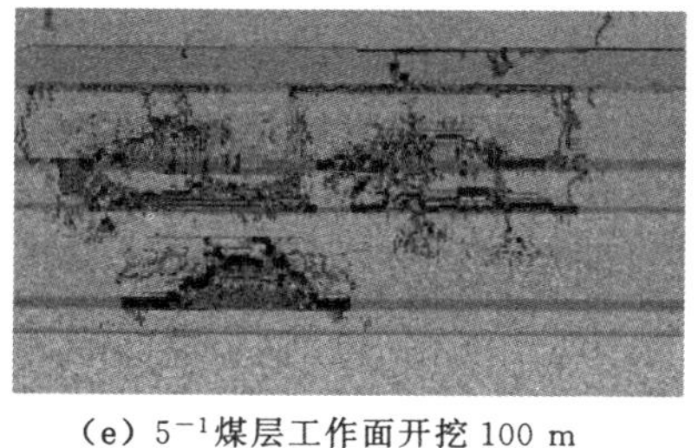

（e）5^{-1}煤层工作面开挖 100 m

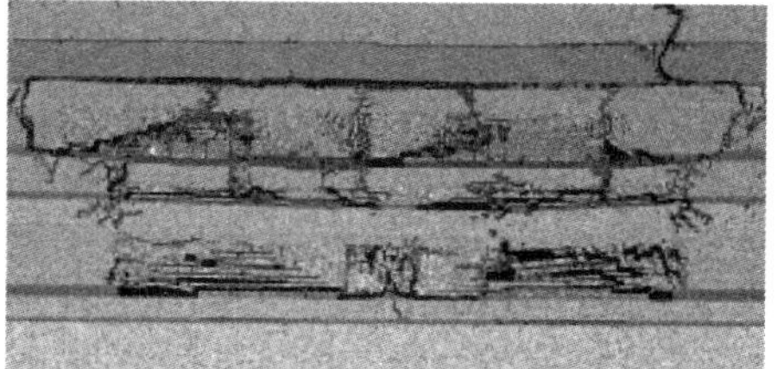

（f）5^{-1}煤层相邻工作面开挖 100 m

图 6-6　模型 4 的工作面裂隙演化过程图示

左右，裂隙带以倒立梯形状发育，发育高度在 23 m 左右，煤柱上方产生大量裂隙，裂缝带近似成矩形状，煤柱两侧有少量裂隙沟通，煤柱发生部分破坏，但 $4^{-2上}$ 煤层以上岩层中的裂隙发育不明显，垮落带也没有显著变化。

（5）模型 5：3^{-2}、$4^{-2上}$、5^{-1} 煤层预留煤柱宽度均为 16 m 时工作面裂隙演化过程

由图 6-7 可知，预留煤柱宽度为 16 m 时，3^{-2} 煤层开采后，采空区上方以正立梯形状垮落，垮落高度在 6 m 左右，裂缝带主要分布在采空区上方，裂隙发育高度在 23 m 左右，没有明显的弯曲下沉带，煤柱上方产生少量裂隙，裂隙主要分布在煤柱上方 25 m 左右处，煤柱两侧的岩层裂隙没沟通，煤柱两侧发生小部分破坏，煤柱能起到保护作用；$4^{-2上}$ 煤层开采后，$4^{-2上}$ 煤层采空区上方以正立梯形状大面积垮落，垮落高度在 3 m 左右，裂隙成倒立梯形状发育，发育高度达到 14 m 左右，致使 3^{-2} 与 $4^{-2上}$ 两煤层之间有少量裂隙已经沟通，煤柱上方几乎没有裂隙产生，煤柱两侧的裂隙没有串通，煤柱两侧发生小部分破坏但煤柱还能起到保护作用，3^{-2} 煤层采空区上方进一步垮落，垮落高度达到 7 m 左右，裂隙也进

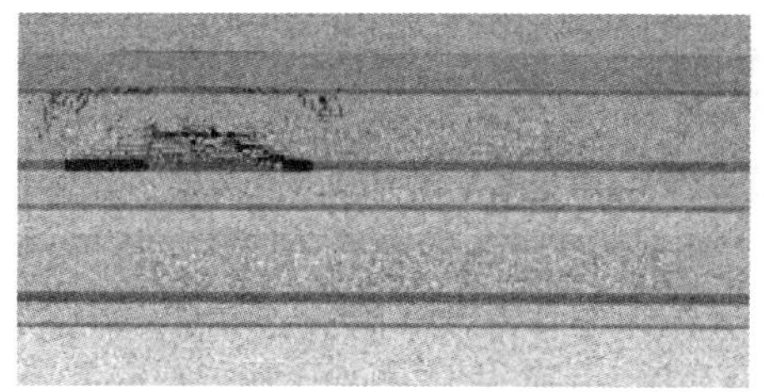

(a) 3^{-2} 煤层工作面开挖 100 m

(b) 3^{-2} 煤层相邻工作面开挖 100 m

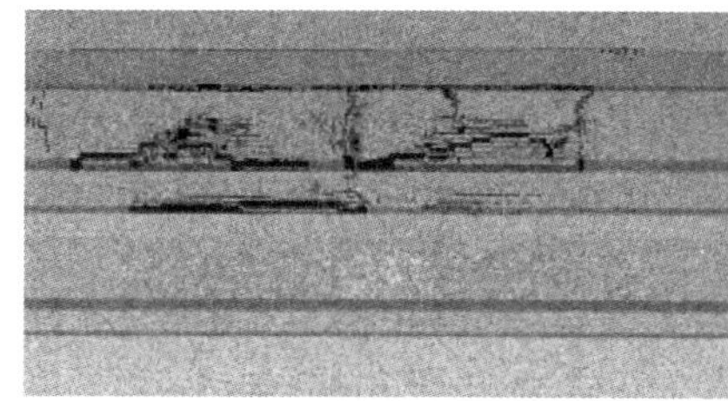

(c) $4^{-2上}$ 煤层工作面开挖 100 m

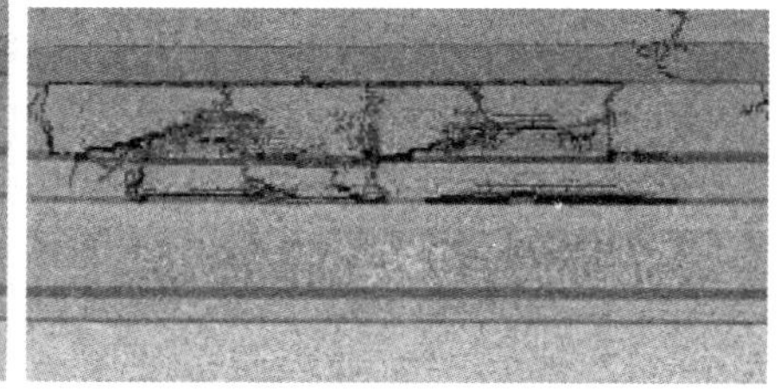

(d) $4^{-2上}$ 煤层相邻工作面开挖 100 m

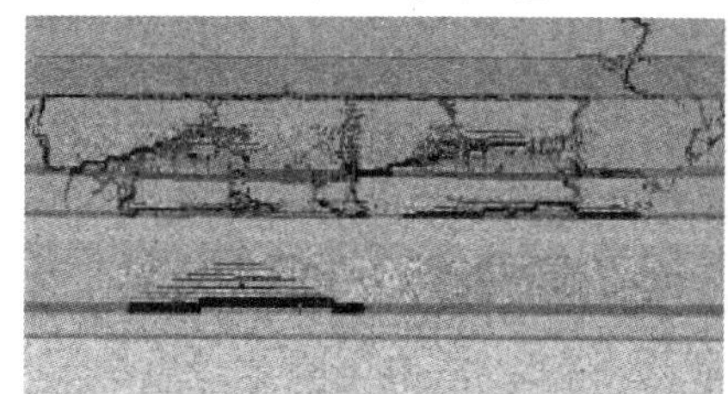

(e) 5^{-1} 煤层工作面开挖 100 m

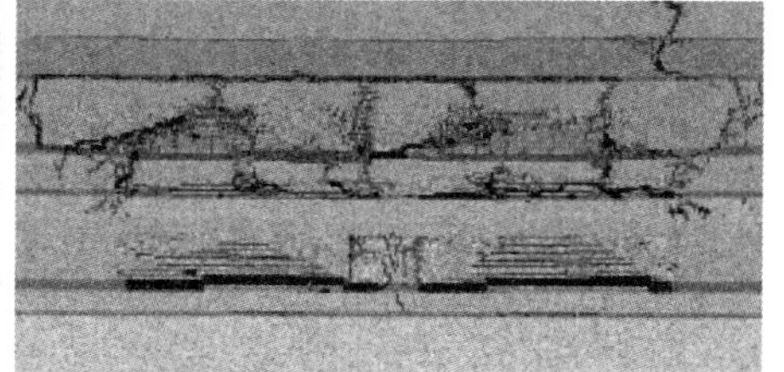

(f) 5^{-1} 煤层相邻工作面开挖 100 m

图 6-7　模型 5 的工作面裂隙演化过程图示

一步发育，有少量裂隙发育至地表，3^{-2}煤层煤柱发生完全破坏；5^{-1}煤层开采后，采空区上方以正立梯形状垮落，垮落高度在 6 m 左右，裂缝带以倒立梯形状发育，发育高度在 21 m 左右，煤柱上方产生大量裂隙，裂缝带近似成矩形状，煤柱两侧裂隙有小部分沟通，煤柱两侧发生部分破坏，但 $4^{-2\text{上}}$煤层以上岩层中的裂隙发育不明显，垮落带也没有显著变化。

(6) 模型 6:3^{-2}、$4^{-2\text{上}}$、5^{-1}煤层预留煤柱宽度均为 18 m 时工作面裂隙演化过程

由图 6-8 可知，预留煤柱宽度为 18 m 时，3^{-2}煤层开采后，采空区上方以正立梯形状垮落，垮落高度在 5 m 左右，裂缝带主要分布在采空区上方，裂隙发育高度在 20 m 左右，没有明显的弯曲下沉带，煤柱上方几乎没有裂隙产生，煤柱两侧的岩层裂隙未沟通，煤柱基本上没有产生破坏；$4^{-2\text{上}}$煤层开采后，$4^{-2\text{上}}$煤层采空区上方以正立梯形状大面积垮落，垮落高度在 3 m 左右，裂隙成倒立梯形状发育，发育高度达到 14 m 左右，致使 3^{-2}与 $4^{-2\text{上}}$两煤层之间有少量裂隙已经沟通，煤柱上方产生少量裂隙，煤柱两侧的裂隙没有串通，煤柱两侧发生小部分

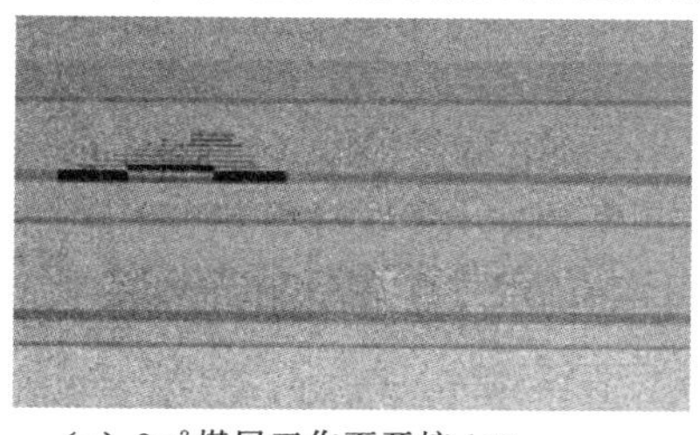

(a) 3^{-2}煤层工作面开挖 100 m

(b) 3^{-2}煤层相邻工作面开挖 100 m

(c) $4^{-2\text{上}}$煤层工作面开挖 100 m

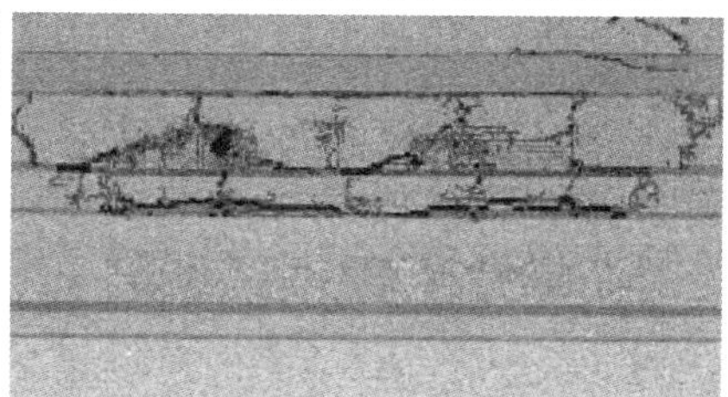

(d) $4^{-2\text{上}}$煤层相邻工作面开挖 100 m

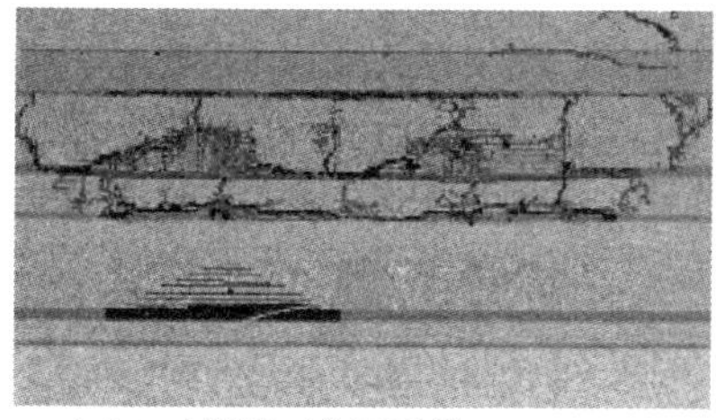

(e) 5^{-1}煤层工作面开挖 100 m

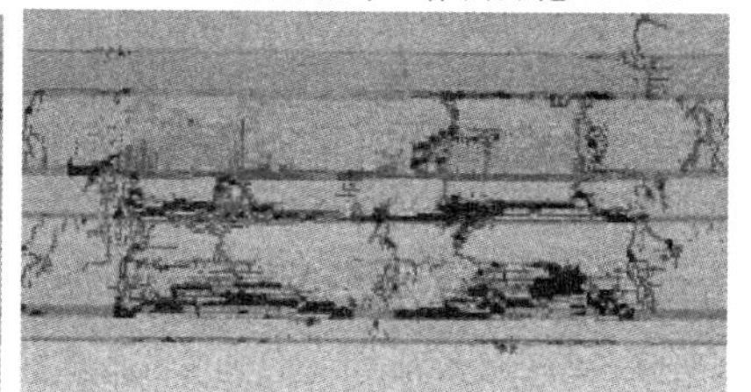

(f) 5^{-1}煤层相邻工作面开挖 100 m

图 6-8　模型 6 的工作面裂隙演化过程图示

破坏，但煤柱还能起到保护作用，3^{-2}煤层采空区上方进一步垮落，垮落高度达到6 m左右，裂隙也进一步发育，有少量裂隙发育至地表，3^{-2}煤层煤柱发生部分破坏；5^{-1}煤层开采后，采空区上方以正立梯形状垮落，垮落高度在6 m左右，裂缝带以倒立梯形状发育，发育高度在20 m左右，煤柱上方产生大量裂隙，裂缝带近似成倒立梯形状，煤柱两侧裂隙有小部分沟通，煤柱基本上未破坏，$4^{-2上}$煤层以上岩层中的裂隙发育不明显，垮落带也没有显著变化。

（7）模型7：3^{-2}、$4^{-2上}$、5^{-1}煤层预留煤柱宽度均为20 m时工作面裂隙演化过程

由图6-9可知，预留煤柱宽度为20 m时，3^{-2}煤层开采后，采空区上方以正立梯形状垮落，垮落高度在5 m左右，裂缝带主要分布在采空区上方且成正立梯形状，裂隙发育高度在17 m左右，煤柱上方没有裂隙产生，煤柱两侧的岩层裂隙没有沟通，煤柱没有产生破坏；$4^{-2上}$煤层开采后，$4^{-2上}$煤层采空区上方以正

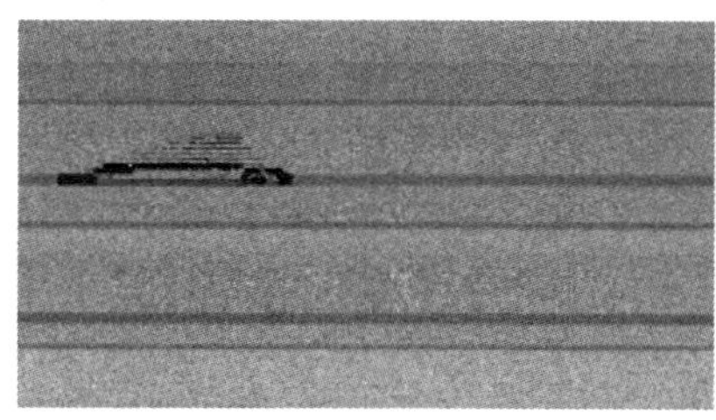

（a）3^{-2}煤层工作面开挖100 m

（b）3^{-2}煤层相邻工作面开挖100 m

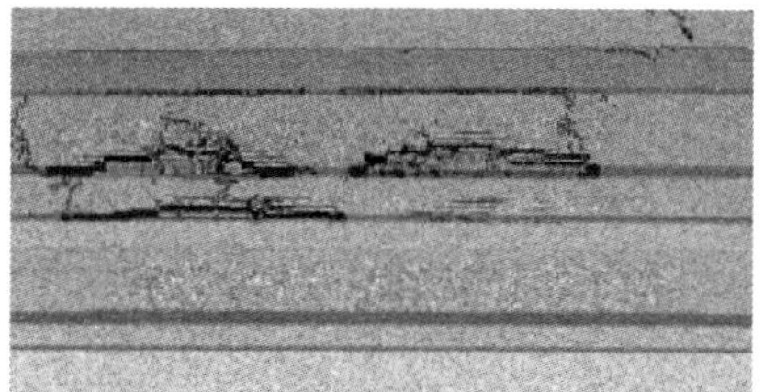

（c）$4^{-2上}$煤层工作面开挖100 m

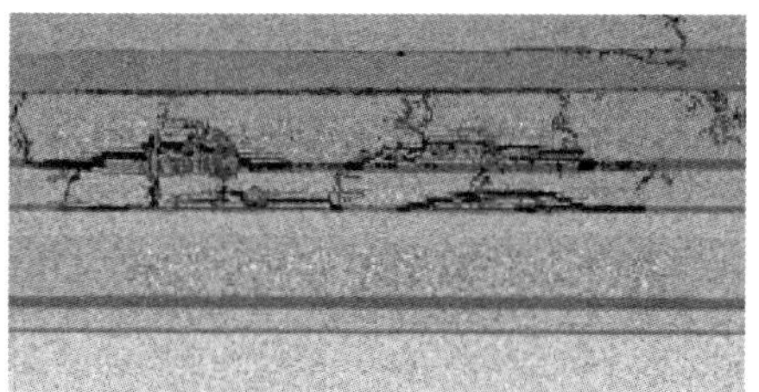

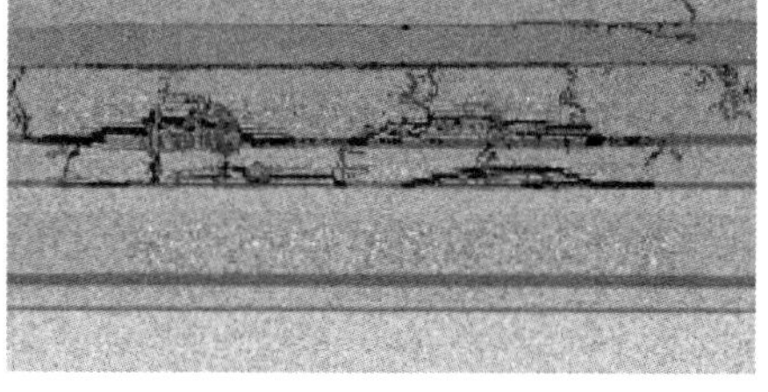

（d）$4^{-2上}$煤层相邻工作面开挖100 m

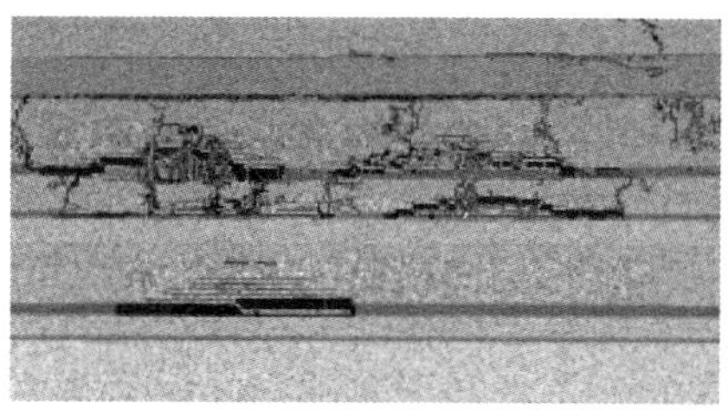

（e）5^{-1}煤层工作面开挖100 m

（f）5^{-1}煤层相邻工作面开挖100 m

图6-9　模型7的工作面裂隙演化过程图示

立梯形状大面积垮落，垮落高度在 3 m 左右，裂隙成倒立梯形状发育，发育高度达到 12 m 左右，使 3^{-2} 与 $4^{-2上}$ 两煤层之间有少量裂隙沟通，煤柱上方产生少量裂隙，煤柱两侧的裂隙没有串通，煤柱基本上没有产生破坏，3^{-2}煤层采空区上方进一步垮落，垮落高度达到 5 m 左右，3^{-2}煤层煤柱发生部分破坏；5^{-1}煤层开采后，采空区上方以正立梯形状垮落，垮落高度在 5 m 左右，裂缝带以倒立梯形状发育，发育高度在 18 m 左右，煤柱上方产生少量裂隙，煤柱两侧裂隙不沟通，煤柱基本上未破坏，$4^{-2上}$煤层以上岩层中的裂隙发育不明显，垮落带也没有显著变化。

（8）模型 8：3^{-2}、$4^{-2上}$、5^{-1}煤层预留煤柱宽度均为 22 m 时工作面裂隙演化过程

由图 6-10 可知，预留煤柱宽度为 22 m 时，3^{-2}煤层开采后，采空区上方以正立梯形状垮落，垮落高度在 5 m 左右，裂缝带主要分布在采空区上方且成正立梯形状，裂隙发育高度在 17 m 左右，没有弯曲下沉带，煤柱上方没有裂隙产生，煤柱两侧的岩层裂隙没沟通，煤柱没有产生破坏；$4^{-2上}$煤层开采后，$4^{-2上}$煤层采

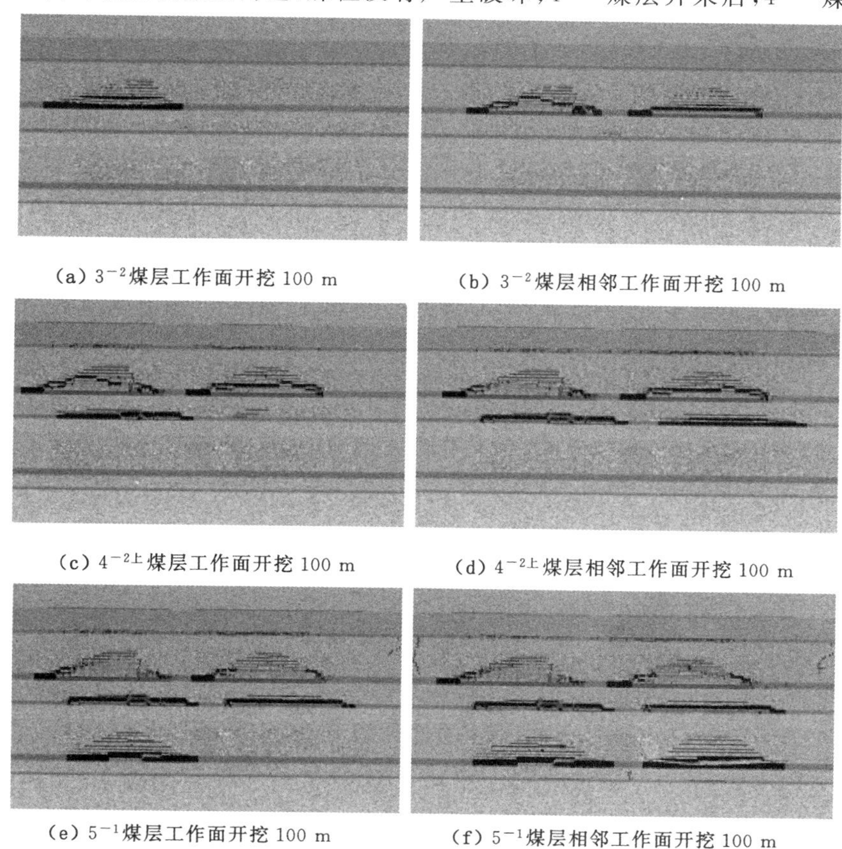

（a）3^{-2}煤层工作面开挖 100 m　　（b）3^{-2}煤层相邻工作面开挖 100 m

（c）$4^{-2上}$煤层工作面开挖 100 m　　（d）$4^{-2上}$煤层相邻工作面开挖 100 m

（e）5^{-1}煤层工作面开挖 100 m　　（f）5^{-1}煤层相邻工作面开挖 100 m

图 6-10　模型 8 的工作面裂隙演化过程图示

空区上方以正立梯形状大面积垮落，垮落高度在 3 m 左右，裂缝带成正立梯形状且只分布在采空区上方，发育高度达到 8 m 左右，3^{-2}与$4^{-2\text{上}}$两煤层之间没有裂隙沟通，煤柱上方基本上没有裂隙产生，煤柱两侧的裂隙没有串通，煤柱没有发生破坏，3^{-2}煤层采空区上方进一步垮落，垮落高度达到 5 m 左右，3^{-2}煤层煤柱两侧发生小部分破坏，达到了开采$4^{-2\text{上}}$煤层的安全条件；5^{-1}煤层开采后，采空区上方以正立梯形状垮落，垮落高度在 4 m 左右，裂缝带以正立梯形状发育，发育高度在 18 m 左右，煤柱上方基本上没有裂隙产生，煤柱两侧裂隙不沟通，煤柱未破坏，$4^{-2\text{上}}$煤层以上岩层中的裂隙发育不明显，垮落带没有显著变化。

(9) 模型 9：3^{-2}、$4^{-2\text{上}}$、5^{-1}煤层预留煤柱宽度均为 24 m 时工作面裂隙演化过程

由图 6-11 可知，预留煤柱宽度为 24 m 时，3^{-2}煤层开采后，垮落情况及裂隙发育状态与预留煤柱宽度为 22 m 时基本一样，煤柱也没有产生破坏；$4^{-2\text{上}}$煤层开采后，$4^{-2\text{上}}$煤层采空区上方垮落情况及裂隙发育状态与预留煤柱宽度为 22 m

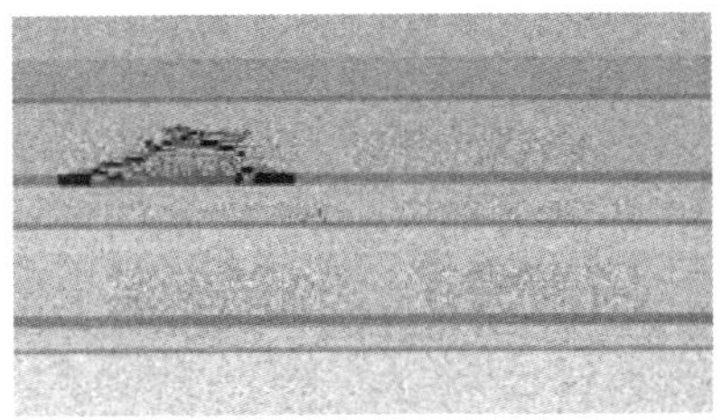

(a) 3^{-2}煤层工作面开挖 100 m

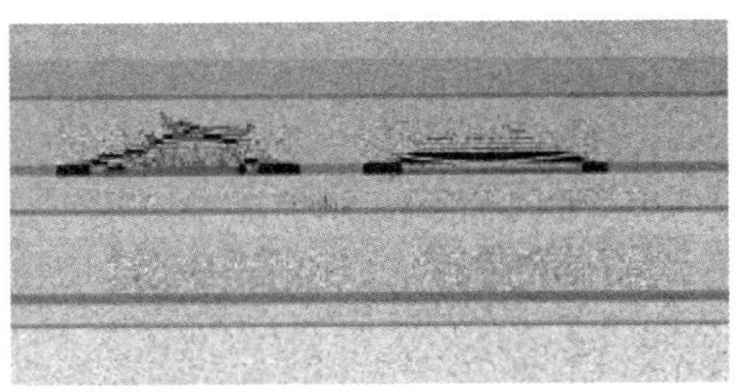

(b) 3^{-2}煤层相邻工作面开挖 100 m

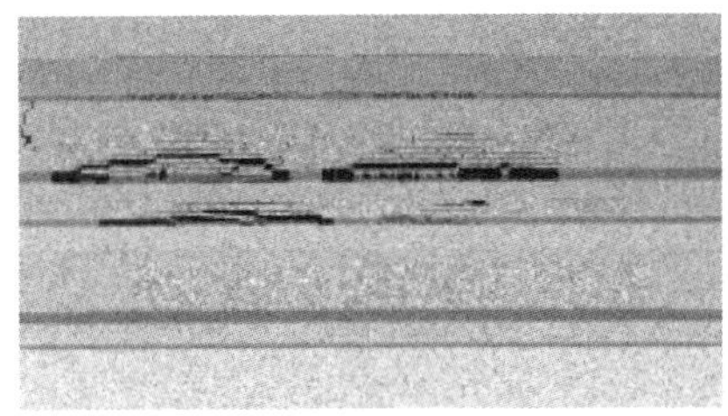

(c) $4^{-2\text{上}}$煤层工作面开挖 100 m

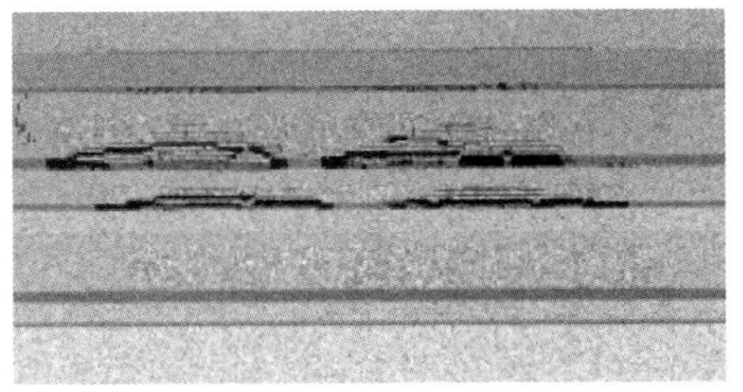

(d) $4^{-2\text{上}}$煤层相邻工作面开挖 100 m

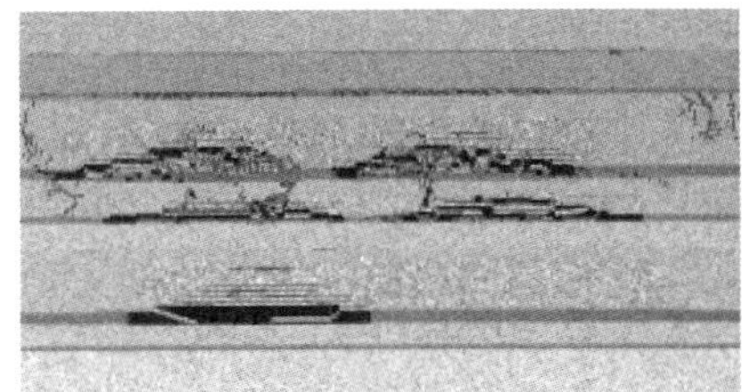

(e) 5^{-1}煤层工作面开挖 100 m

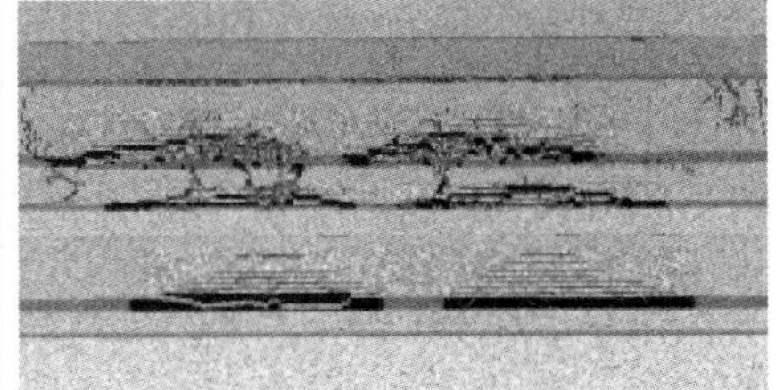

(f) 5^{-1}煤层相邻工作面开挖 100 m

图 6-11　模型 9 的工作面裂隙演化过程图示

时基本一样，3^{-2}与$4^{-2\text{上}}$两煤层之间没有裂隙沟通，煤柱上方没有裂隙产生，煤柱两侧的裂隙没有串通，煤柱没有发生破坏，3^{-2}煤层采空区上方进一步垮落，垮落高度达到 5 m 左右，3^{-2}煤层煤柱两侧发生小部分破坏，满足$4^{-2\text{上}}$煤层的安全开采条件；5^{-1}煤层开采后，采空区上方以正立梯形状垮落，垮落高度在 3 m 左右，裂缝带以正立梯形状发育，发育高度在 16 m 左右，煤柱上方基本上没有裂隙产生，煤柱两侧裂隙不沟通，煤柱未破坏，$4^{-2\text{上}}$煤层以上岩层中的裂隙发育不明显，垮落带没有显著变化。

（10）模型 10:3^{-2}、$4^{-2\text{上}}$、5^{-1}煤层预留煤柱宽度均为 26 m 时工作面裂隙演化过程

由图 6-12 可知，预留煤柱宽度为 26 m 时，3^{-2}煤层开采后，垮落情况、裂隙发育状态及煤柱破坏情况与预留煤柱宽度为 24 m 时基本一样；$4^{-2\text{上}}$煤层开采后，$4^{-2\text{上}}$煤层采空区上方垮落情况及裂隙发育状态与预留煤柱宽度为 24 m 时

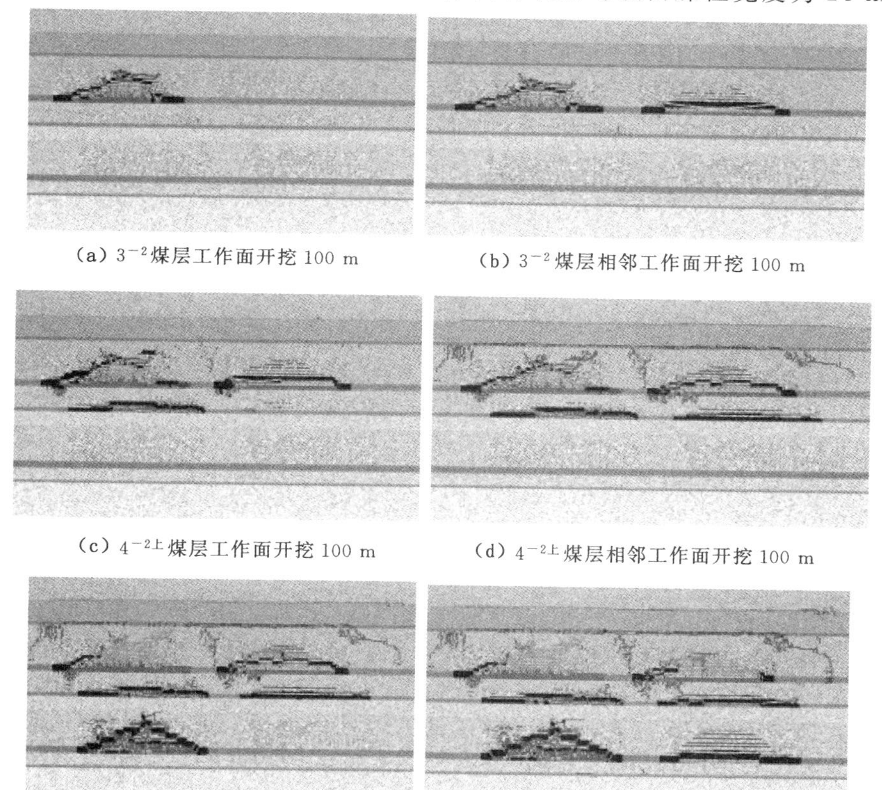

（a）3^{-2}煤层工作面开挖 100 m　（b）3^{-2}煤层相邻工作面开挖 100 m

（c）$4^{-2\text{上}}$煤层工作面开挖 100 m　（d）$4^{-2\text{上}}$煤层相邻工作面开挖 100 m

（e）5^{-1}煤层工作面开挖 100 m　（f）5^{-1}煤层相邻工作面开挖 100 m

图 6-12　模型 10 的工作面裂隙演化过程图示

基本一样，3^{-2}与$4^{-2上}$两煤层之间没有裂隙沟通，煤柱上方没有裂隙产生，煤柱两侧的裂隙没有串通，煤柱没有发生破坏，3^{-2}煤层采空区上方进一步垮落，垮落高度达到 5 m 左右，3^{-2}煤层煤柱两侧发生小部分破坏，满足$4^{-2上}$煤层的安全开采条件；5^{-1}煤层开采后，采空区上方以正立梯形状垮落，垮落高度在 3 m 左右，裂缝带以正立梯形状发育，发育高度在 16 m 左右，煤柱上方没有裂隙产生，煤柱两侧裂隙不沟通，煤柱未破坏，$4^{-2上}$煤层以上岩层中的裂隙发育不明显，垮落带没有显著变化。

（11）模型 11：3^{-2}、$4^{-2上}$、5^{-1}煤层预留煤柱宽度均为 28 m 时工作面裂隙演化过程

由图 6-13 可知，预留煤柱宽度为 28 m 时，3^{-2}煤层开采后，采空区上方以正立梯形状垮落，垮落高度在 3 m 左右，裂缝带主要分布在采空区上方且成正立梯形状，裂隙发育高度在 10 m 左右，煤柱上方没有裂隙产生，煤柱两侧的岩层

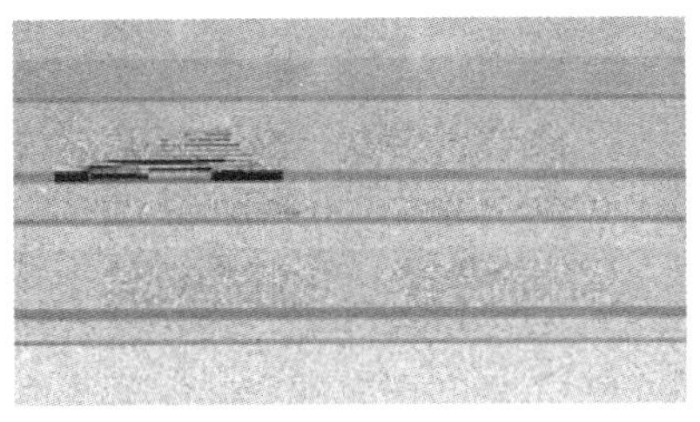

（a）3^{-2}煤层工作面开挖 100 m

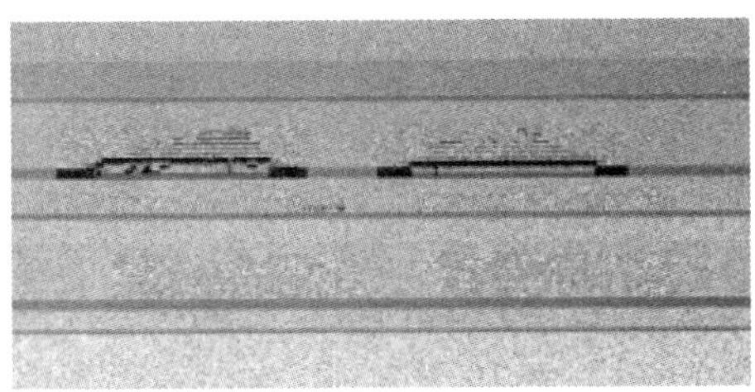

（b）3^{-2}煤层相邻工作面开挖 100 m

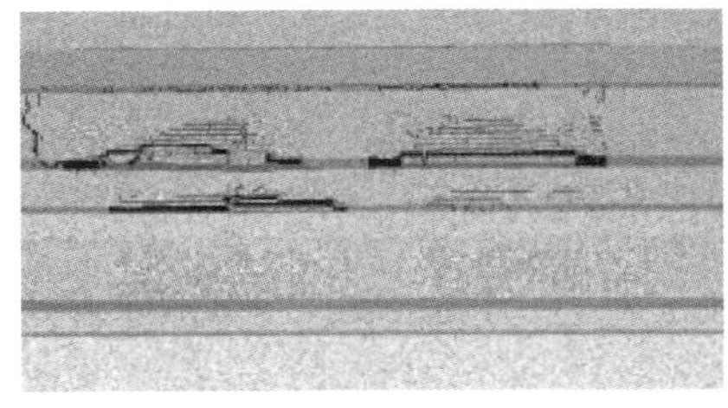

（c）$4^{-2上}$煤层工作面开挖 100 m

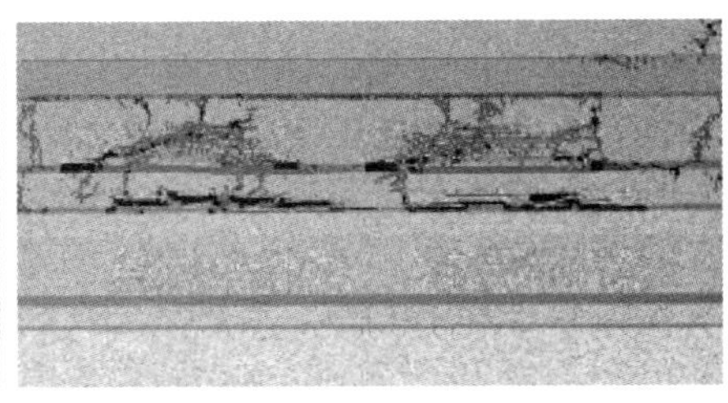

（d）$4^{-2上}$煤层相邻工作面开挖 100 m

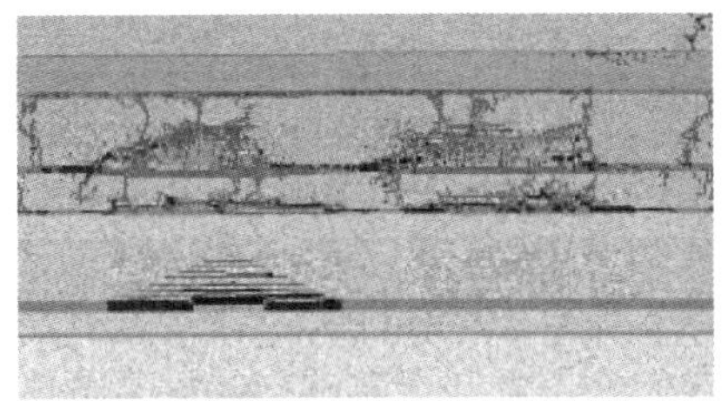

（e）5^{-1}煤层工作面开挖 100 m

（f）5^{-1}煤层相邻工作面开挖 100 m

图 6-13　模型 11 的工作面裂隙演化过程图示

裂隙未沟通，煤柱没有产生破坏；$4^{-2上}$煤层开采后，$4^{-2上}$煤层采空区上方以正立梯形状垮落，垮落高度在 3 m 左右，裂缝带成正立梯形状且只分布在采空区上方，发育高度达到 7 m 左右，3^{-2}与$4^{-2上}$两煤层之间有没有裂隙沟通，煤柱上方基本上没有裂隙产生，煤柱两侧的裂隙没有串通，煤柱没有发生破坏，3^{-2}煤层采空区上方进一步垮落，垮落高度达到 4 m 左右，3^{-2}煤层煤柱基本上未破坏，符合开采$4^{-2上}$煤层的安全条件；5^{-1}煤层开采后，采空区上方垮落情况、裂隙发育状态以及煤柱破坏情况与预留煤柱宽度为 26 m 时基本一致。

（12）模型 12：3^{-2}、$4^{-2上}$、5^{-1}煤层预留煤柱宽度均为 30 m 时工作面裂隙演化过程

由图 6-14 可知，预留煤柱宽度为 30 m 时，3^{-2}煤层开采后，采空区上方以正立梯形状小面积垮落，垮落高度在 2 m 左右，裂缝带主要分布在采空区上方且成正立梯形状，裂隙发育高度在 9 m 左右，煤柱上方没有裂隙产生，煤柱两侧的

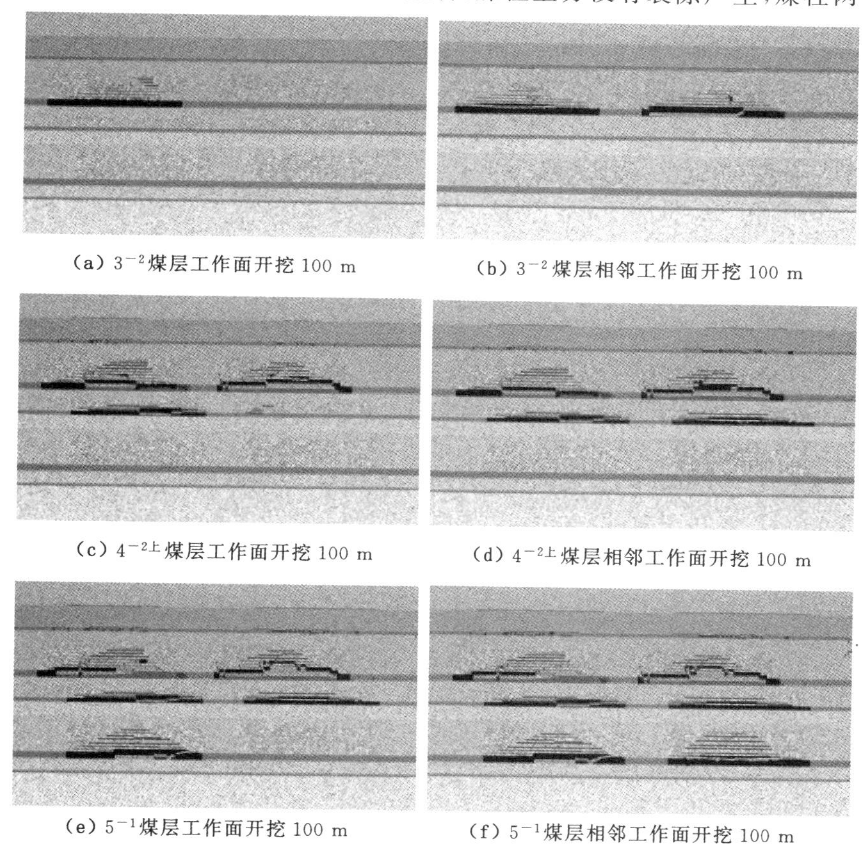

(a) 3^{-2}煤层工作面开挖 100 m　(b) 3^{-2}煤层相邻工作面开挖 100 m

(c) $4^{-2上}$煤层工作面开挖 100 m　(d) $4^{-2上}$煤层相邻工作面开挖 100 m

(e) 5^{-1}煤层工作面开挖 100 m　(f) 5^{-1}煤层相邻工作面开挖 100 m

图 6-14　模型 12 的工作面裂隙演化过程图示

岩层裂隙未沟通，煤柱没有产生破坏；$4^{-2上}$煤层开采后，$4^{-2上}$煤层采空区上方以正立梯形状垮落，但垮落面积变小，垮落高度在 2 m 左右，裂缝带成正立梯形状且只分布在采空区上方，发育高度达到 5 m 左右，3^{-2}与$4^{-2上}$两煤层之间裂隙没有沟通，煤柱上方没有裂隙产生，煤柱两侧的裂隙没有串通，煤柱没有发生破坏，3^{-2}煤层采空区上方进一步垮落，垮落高度达到 4 m 左右，3^{-2}煤层煤柱基本上未破坏，符合开采$4^{-2上}$煤层的安全条件；5^{-1}煤层开采后，采空区上方以正立梯形状垮落，垮落高度在 2 m 左右，有的工作面不垮落，裂缝带以正立梯形状发育，发育高度在 14 m 左右，煤柱上方没有裂隙产生，煤柱两侧裂隙不沟通，煤柱未破坏，$4^{-2上}$煤层以上岩层中的裂隙发育不明显，垮落带没有显著变化。

（13）模型 13：3^{-2}、$4^{-2上}$、5^{-1}煤层预留煤柱宽度均为 35 m 时工作面裂隙演化过程

由图 6-15 可知，预留煤柱宽度为 35 m 时，3^{-2}煤层开采后，采空区上方以正立梯形状小面积垮落，垮落高度在 1 m 左右，裂缝带主要分布在采空区上方且

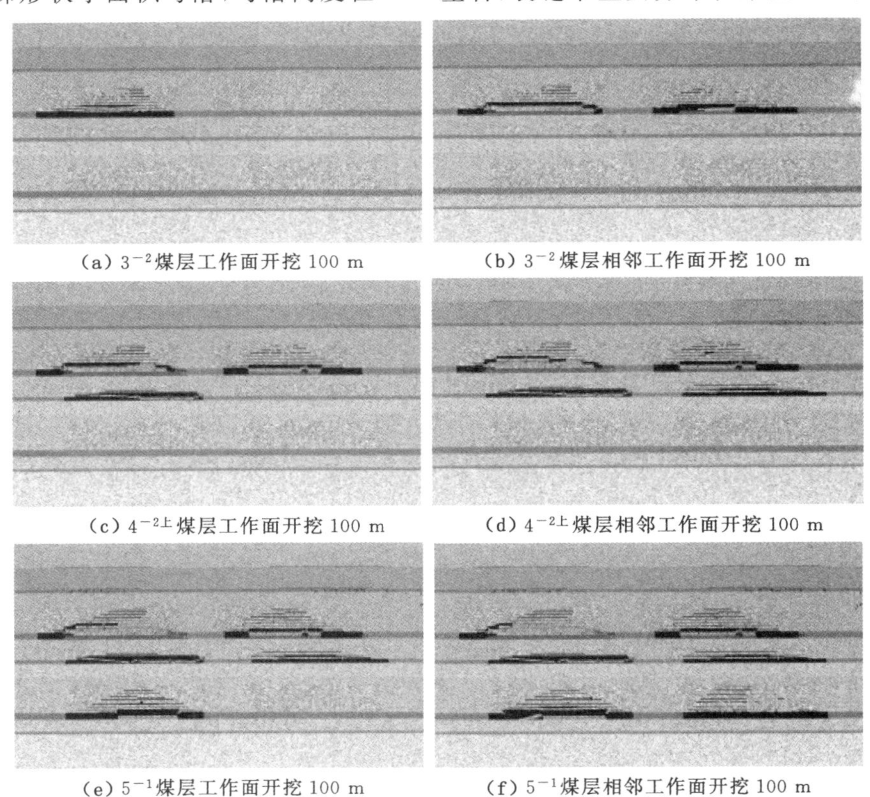

(a) 3^{-2}煤层工作面开挖 100 m　(b) 3^{-2}煤层相邻工作面开挖 100 m

(c) $4^{-2上}$煤层工作面开挖 100 m　(d) $4^{-2上}$煤层相邻工作面开挖 100 m

(e) 5^{-1}煤层工作面开挖 100 m　(f) 5^{-1}煤层相邻工作面开挖 100 m

图 6-15　模型 13 的工作面裂隙演化过程图示

成正立梯形状，裂隙发育高度在 7 m 左右，没有弯曲下沉带，煤柱上方没有裂隙产生，煤柱两侧的岩层裂隙没沟通，煤柱没有产生破坏；$4^{-2上}$煤层开采后，$4^{-2上}$煤层采空区上方以正立梯形状垮落，但垮落面积变小，垮落高度在 1 m 左右，裂缝带成正立梯形状且只分布在采空区上方，发育高度达到 4 m 左右，3^{-2}与$4^{-2上}$两煤层之间有没有裂隙沟通，煤柱上方没有裂隙产生，煤柱两侧的裂隙没有串通，煤柱没有发生破坏，3^{-2}煤层采空区上方进一步垮落，垮落高度达到 3 m 左右，3^{-2}煤层煤柱基本上未破坏，符合开采$4^{-2上}$煤层的安全条件；5^{-1}煤层开采后，采空区上方以正立梯形状垮落，垮落高度在 1 m 左右，有的工作面甚至不产生垮落，裂缝带以正立梯形状发育，发育高度在 10 m 左右，煤柱上方没有裂隙产生，煤柱两侧裂隙不沟通，煤柱未破坏，$4^{-2上}$煤层以上岩层中的裂隙发育不明显，垮落带没有显著变化。

由图 6-3～图 6-15 可知，3^{-2}、$4^{-2上}$、5^{-1}煤层开采后其对应的垮落带、裂缝带都能一一找出，但都没有明显的弯曲下沉带，且5^{-1}煤层的采动对3^{-2}、$4^{-2上}$煤层的影响很小。留设不同的区段煤柱宽度，采场覆岩移动破坏的“三带”发育高度不同，煤柱宽度越大，“两带”的发育高度越小。3^{-2}、$4^{-2上}$、5^{-1}煤层工作面裂缝带随煤柱宽度变化，如图 6-16～图 6-18 所示；3^{-2}、$4^{-2上}$、5^{-1}煤层工作面垮落带随煤柱宽度变化，如图 6-19～图 6-21 所示。

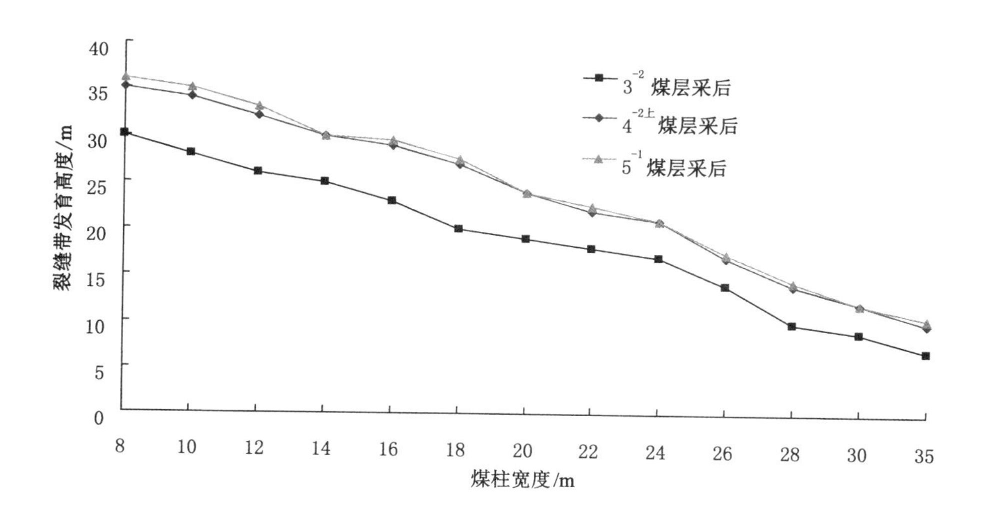

图 6-16 3^{-2}煤层工作面裂缝带发育高度随煤柱宽度变化曲线图

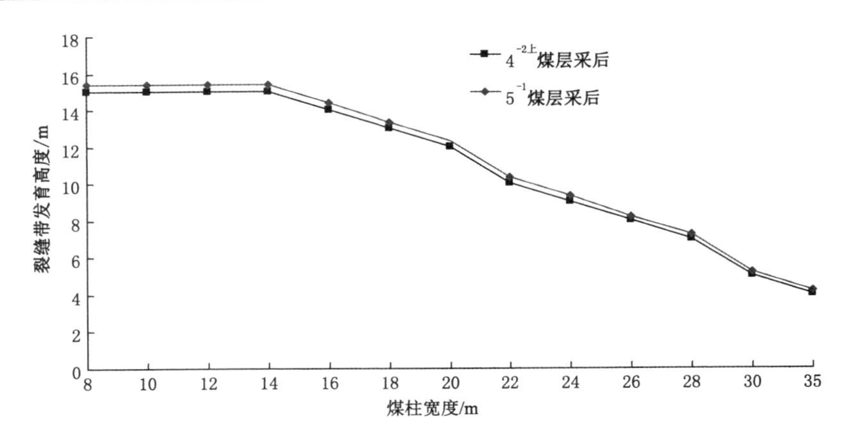

图 6-17 $4^{-2上}$煤层工作面裂缝带发育高度随煤柱宽度变化曲线图

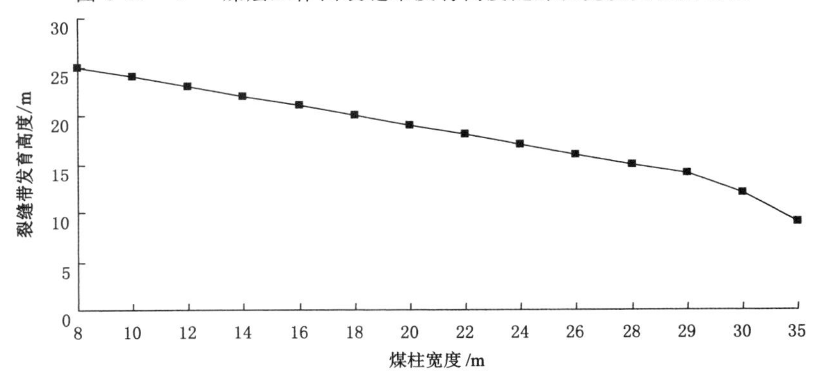

图 6-18 5^{-1}煤层工作面裂缝带发育高度随煤柱宽度变化曲线图

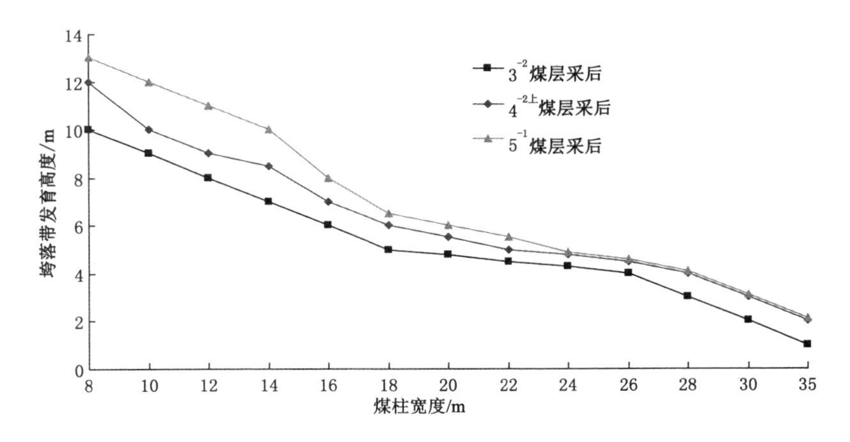

图 6-19 3^{-2}煤层工作面垮落带发育高度随煤柱宽度变化曲线图

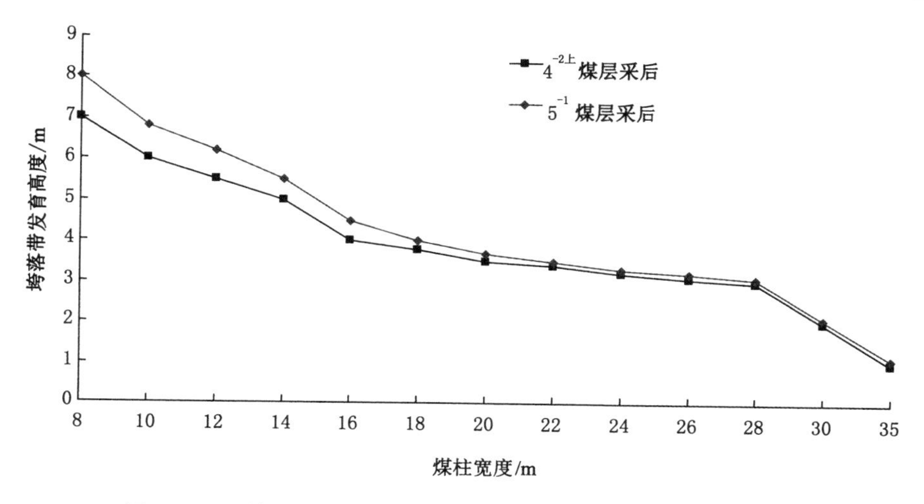

图 6-20　$4^{-2上}$煤层工作面垮落带发育高度随煤柱宽度变化曲线图

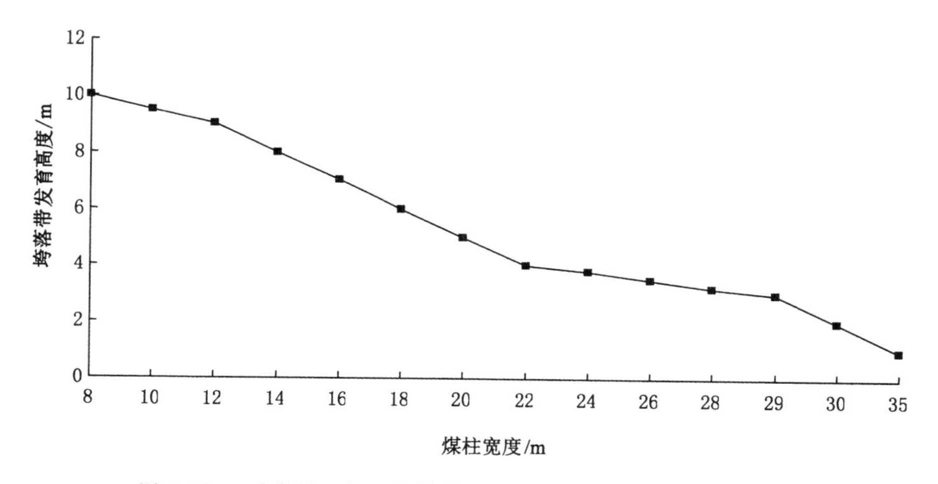

图 6-21　5^{-1}煤层工作面垮落带发育高度随煤柱宽度变化曲线图

不同的煤柱宽度，煤柱破坏情况表和煤柱上方两侧裂隙贯通情况如表 6-5、表 6-6 所列。

表 6-5　数值模拟煤层煤柱破坏情况表

煤柱	煤柱宽度/m												
	8	10	12	14	16	18	20	22	24	26	28	30	35
3^{-2}煤层采后 3^{-2}煤层煤柱	破坏	未破坏	未破坏	未破坏	未破坏	未破坏	未破坏	未破坏	未破坏	未破坏	未破坏	未破坏	未破坏

表 6-5(续)

煤柱	煤柱宽度/m												
	8	10	12	14	16	18	20	22	24	26	28	30	35
$4^{-2\text{上}}$煤层采后3^{-2}煤层煤柱	破坏	破坏	破坏	破坏	未破坏	未破坏	未破坏	未破坏	未破坏	未破坏	未破坏	未破坏	未破坏
5^{-1}煤层采后3^{-2}煤层煤柱	破坏	破坏	破坏	破坏	未破坏	未破坏	未破坏	未破坏	未破坏	未破坏	未破坏	未破坏	未破坏
$4^{-2\text{上}}$煤层采后$4^{-2\text{上}}$煤层煤柱	破坏	破坏	破坏	破坏	未破坏	未破坏	未破坏	未破坏	未破坏	未破坏	未破坏	未破坏	未破坏
5^{-1}煤层采后$4^{-2\text{上}}$煤层煤柱	破坏	破坏	破坏	破坏	破坏	未破坏	未破坏	未破坏	未破坏	未破坏	未破坏	未破坏	未破坏
5^{-1}煤层煤柱	破坏	破坏	破坏	破坏	破坏	未破坏	未破坏	未破坏	未破坏	未破坏	未破坏	未破坏	未破坏

表 6-6　数值模拟裂隙贯通情况表

煤柱	煤柱宽度/m												
	8	10	12	14	16	18	20	22	24	26	28	30	35
3^{-2}煤层采后3^{-2}煤层煤柱	贯通	贯通	贯通	未贯通	未贯通	未贯通	未贯通	未贯通	未贯通	未贯通	未贯通	未贯通	未贯通
$4^{-2\text{上}}$煤层采后3^{-2}煤层煤柱	贯通	贯通	贯通	贯通	未贯通	未贯通	未贯通	未贯通	未贯通	未贯通	未贯通	未贯通	未贯通
5^{-1}煤层采后3^{-2}煤层煤柱	贯通	贯通	贯通	贯通	未贯通	未贯通	未贯通	未贯通	未贯通	未贯通	未贯通	未贯通	未贯通
$4^{-2\text{上}}$煤层采后$4^{-2\text{上}}$煤层煤柱	贯通	贯通	贯通	贯通	未贯通	未贯通	未贯通	未贯通	未贯通	未贯通	未贯通	未贯通	未贯通
5^{-1}煤层采后$4^{-2\text{上}}$煤层煤柱	贯通	贯通	贯通	贯通	贯通	贯通	未贯通	未贯通	未贯通	未贯通	未贯通	未贯通	未贯通
5^{-1}煤层煤柱	贯通	贯通	贯通	贯通	未贯通	未贯通	未贯通	未贯通	未贯通	未贯通	未贯通	未贯通	未贯通

对于3^{-2}煤层，当预留煤柱宽度为 8 m 左右时，两相邻工作面间裂隙相互沟通且煤柱发生破坏；当预留煤柱宽度为 10 m 左右时，两相邻工作面间裂隙不再沟通但煤柱发生破坏；当预留煤柱宽度为 16 m 左右时，两相邻工作面间裂隙不沟通，煤柱也不发生破坏。

对于$4^{-2\text{上}}$煤层，当预留煤柱宽度为 14 m 时，煤柱两侧的裂隙未沟通，但煤柱会发生破坏，3^{-2}煤层与$4^{-2上}$煤层之间发生沟通；当预留煤柱宽度为16 m时，煤柱两侧的裂隙不沟通，煤柱也不发生破坏。

对于5^{-1}煤层，当预留煤柱宽度为14 m左右时，煤柱两侧裂隙仍然沟通；当预留煤柱宽度为16 m左右时，煤柱两侧裂隙不再沟通，但煤柱发生破坏；当预留煤柱宽度为20 m左右时，煤柱两侧裂隙不沟通，煤柱也不发生破坏。

通过模拟结果分析，可以知道$4^{-2上}$煤层开采留设区段煤柱宽度为16 m，既能确保在$4^{-2上}$煤层回采期间，区段煤柱不破坏，又能使煤柱两侧上覆岩层产生的裂隙不贯通。

6.3 滚筒采煤机开采方案设计

6.3.1 采区巷道布置及生产系统

(1) 采区位置及范围

首采区位于井田东南角，东边和南边以井田边界保护煤柱为界，北边以大巷保护煤柱为界。该采区东西走向平均长约2 664 m，南北倾向平均长约3 512 m。

(2) 采煤方法及工作面长度的确定

$4^{-2上}$煤层平均可采厚度为1.7 m，属近水平煤层。采用走向长壁后退式一次采全高采煤法。根据设计规范规定：综采面长度一般不小于150 m。为了满足神东矿区建设安全高效矿井的需求，借鉴神东矿区榆家梁煤矿中厚偏薄煤层采煤机开采的成功经验以及刨煤机的成功开采的经验将工作面长度设计为300 m左右。

(3) 采区巷道的尺寸、支护方式及通风方式

① 巷道尺寸及支护方式

区段巷道的尺寸应能满足综采工作面运煤、辅助运输和通风的需要，以及设备尺寸及搬家设备尺寸要求。设计采区各巷道为矩形断面，具体尺寸及支护形式见表6-7。

表6-7 工作面各巷道支护形式

巷道名称	宽×高/m	支护方式
运输巷	5.5×2.0	锚杆、局部钢筋网片
回风巷	5.5×2.0	锚杆、局部钢筋网片
切眼正常段	7.5×2.1	锚杆、局部钢筋网片

表 6-7(续)

巷道名称	宽×高/m	支护方式
切眼机头段	8.5×2.1	锚杆、局部钢筋网片
切眼机尾段	9×2.1	锚杆、局部钢筋网片
切眼机窝段	9.2×2.1	锚杆、局部钢筋网片
回撤通道	5.5×2.1	锚杆、局部钢筋网片
运输通道	5.5×2.1	锚杆、局部钢筋网片
联巷	5.5×2.1	锚杆、局部钢筋网片

② 通风方式

通风采用压入式局部通风机，局部通风机应设在新鲜风流处。为了防止回风短路，在两区段巷道设置风门。

(4) 煤柱尺寸

采区内的煤柱主要是采区边界煤柱、区段之间保护煤柱。

井田一水平内布置多个采区，采区两边各留设 12 m 采区边界煤柱。水平运输大巷和轨道大巷布置在煤层中，水平间距为 30 m，外侧各留设 50 m 保护煤柱。采区内地质构造情况简单，无大断层、陷落柱及其他影响回采的复杂地质构造。各区段巷道留 16 m 宽的煤柱，以利于巷道回风和支护。

(5) 采区巷道的联络方式

由于矿井采用中央并列式通风，副井进风、风井回风。开拓巷道布置两条大巷，轨道大巷承担进风和辅助运输任务，运输大巷承担回风和运煤任务，通过区段轨道平巷和区段运输平巷与工作面相连。在采区内部不设采区煤仓，工作面出煤直接用带式输送机运输。

(6) 工作面接替顺序

工作面呈分散布置，因此可以在开采区段一翼的同时准备另一翼。工作面接替顺序及长度见表 6-8，接替顺序示意图如图 6-22。

表 6-8　工作面接替顺序及长度

项目	工作面									
	24201	24202	24203	24204	24205	24206	24207	24208	24209	24210
接替顺序	1	2	3	4	5	6	7	8	9	10
工作面长度/m	285	270	280	275	302	275	290	240	290	250
工作面推进长度/m	1 429	1 737	1 308	1 778	1 406	1 819	1 548	1 973	1 675	1 257

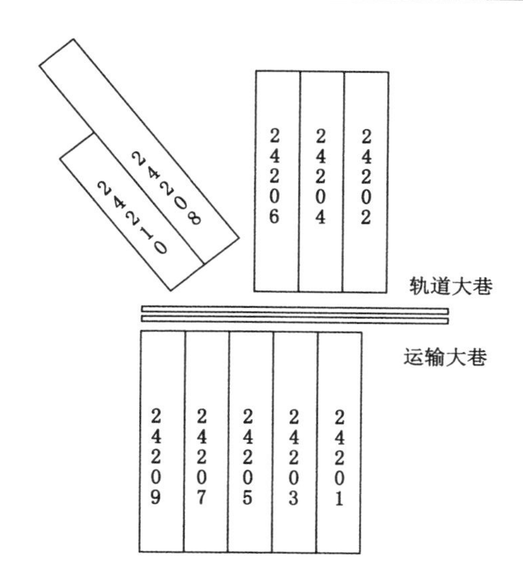

图 6-22 工作面接替顺序示意图

(7) 采区生产系统

采区采用后退式开采(面向运输轨道上山),采用 U 形通风方式。

① 运煤系统

工作面→区段运输平巷→运输大巷→主井→地面。

② 运料系统

地面→副斜井→辅助运输大巷→区段轨道平巷→工作面。

③ 通风系统

地面→副平硐、主斜井→辅助运输大巷→区段运输平巷→工作面→区段轨道平巷→回风大巷→回风斜井。

掘进工作面采用局部通风机压入式通风。

④ 排矸系统

与运料系统路线相反。

⑤ 供电系统

地面变电站→副井→中央变电所→运输大巷→区段运输平巷→工作面。

⑥ 排水系统

采掘工作面积水由污水泵排到相邻运输巷水沟,由运输巷排入辅助运输大巷水沟,辅助运输大巷再分段排到井底水仓,然后通过井下排水设备排至地面水处理系统。

(8) 采区内巷道掘进方法

采区内所有工作面平巷均沿底板掘进，采用综合机械化掘进，选用 EL-90 型掘进机、ES-650 型转载机、SSJ650/2×22（SJ-44 型）可伸缩带式输送机、STD800/40 型（SD-40P 型）带式输送机、JBT-52-2 局部通风机和梯形金属支架组成的成套设备。巷道的拐弯半径必须与所选机型能达到的拐弯半径相吻合，因为可伸缩带式输送机的最小铺设长度为 80 m，所以，在初始掘进的 80 m 巷道中，机后的物料运输不能采用可伸缩带式输送机，只能采用无轨胶轮车。

利用锚杆机完成巷道顶锚杆和锚索的打眼、安装工作，选用手持风动钻机来完成帮锚杆的打眼和安装工作。

（9）采煤工作面破煤、装煤方式

工作面采煤机螺旋滚筒完成破煤、装煤过程，部分遗留碎煤由输送机上的铲煤板装入刮板输送机。采用双向割煤工艺方式，即采煤机往返一次为两个循环。

进刀方式：采用端部斜切割三角煤进刀。

进刀方法：机组割透机头（机尾）煤壁后，将上滚筒降下割底煤，下滚筒升起割顶煤，采煤机反向沿刮板输送机弯曲段斜切入煤壁；采煤机机身全部进入直线段且两个滚筒的截深全部达到 0.6 m 后停机；将支架拉过并顺序移刮板输送机顶过机头（机尾）后调换上、下滚筒位置向机头（机尾）割煤；采煤机再次割透机头（机尾）煤壁后，再次调换上、下滚筒位置，向机尾（机头）割煤，开始下一个循环的割煤，割过煤后及时拉架、顶机头（机尾）、移刮板输送机。机组进刀总长度控制在 50 m 左右，进刀方式如图 6-23 所示。

（10）支架选型及布置

采煤工作面采用液压支架支护，根据工作面顶底板岩性及煤层厚度、采高等条件，并参照其他矿实际使用情况，从工作面机头到机尾分别布置端头架 2 架，中间架 162 架，端尾架 2 架，共计 166 架。

（11）顶板管理

工作面采用全部垮落法管理顶板。

（12）移架及推移刮板输送机方式

液压支架移架方式及刮板输送机推移方式有多种：

① 支架可实现的 4 种移架方式：邻架自动顺序移架；成组顺序移架；采煤机和支架联动移架；手动移架。

② 工作面可实现的 4 种推移刮板输送机方式：双向邻架推移；双向成组推移；采煤机割煤后自动拉架并推移；手动推移。

主采煤层顶底板较稳定，条件较好，为了提高移架速度，采用成组顺序移架的方式，每 3 架支架分为一组，组内联动，整体移架，组间顺序前移；推移刮板输送机采用双向成组推移，每组设置为 12 架。拉架滞后底滚筒 2～3 架，如果顶板

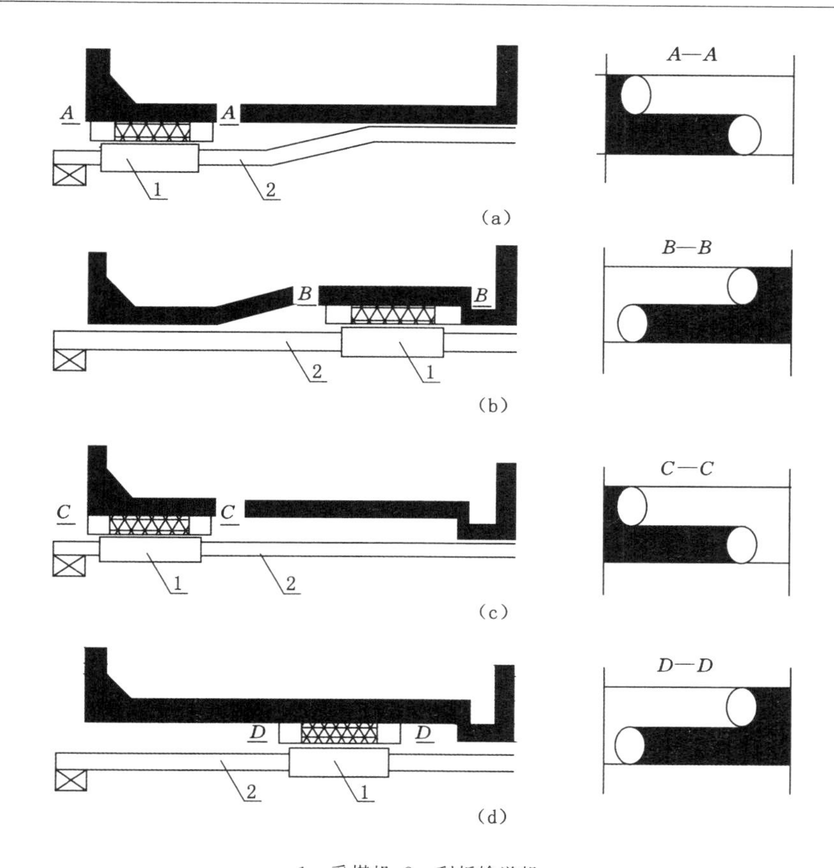

1—采煤机；2—刮板输送机。

图 6-23 采煤机斜切进刀示意图

压力过大或有冒顶危险时，应及时追机拉架（滞后上滚筒 2～3 架），以防顶板冒落；如移架过程中顶板破碎或片帮严重要及时拉过超前架并打出护帮板。

6.3.2 端头支护及超前支护方式

（1）机头、机尾贴帮柱及切顶柱打法及要求

机头打一排贴帮柱，从切顶线向外打 10 m，柱距为 1.0 m，帮背实；当机头支架侧护板（靠煤柱侧）距煤壁距离小于 1 m 时，打两根切顶柱，单体柱均匀布置；当机头支架侧护板（靠煤柱侧）距煤壁距离大于 1 m 时，打密集柱切顶，柱距为 200 mm，并且迎山有力。

（2）超前支护

工作面采用 FLZ38-20/110Q 型单体液压支柱加铰接顶梁进行超前支护。

① 区段轨道平巷的超前支护

从煤壁线向外 40 m 超前支护，采用两排支设，离工作面煤柱侧 100 mm 打 40 m 一排单体柱，柱距 1 m；另一侧距煤柱 100 mm 打 40 m 一排单体柱，柱距 1 m。

② 区段运输平巷的超前支护

从煤壁线向外 40 m 超前支护，采用一排支设，距转载机外侧 500 mm 左右(人行道侧)，柱距 1 m。

③ 机尾上隅角通风需要在机尾打木垛留通风通道，木垛紧靠支架，木垛距离不超过 3 m，木垛必须用柱帽、木楔背紧。

(3) 超前支护管理

① 超前支护必须严格按照要求打好、打牢，支柱一定要成一直线；回柱时必须 4 人以上配合作业，严禁单人进行操作，回柱时必须有专人看护好顶板、煤帮情况，发现有活煤、矸及时处理后方可作业，严格执行“先支后回”的原则。所有支柱必须戴帽，必须使用规格柱帽。打好柱要上好保险绳并将柱与顶网或钢带用 10# 铁丝捆紧，以防柱倒伤人。

② 超前支护处满足高不低于 1.8 m，宽不低于 0.8 m 的安全出口和运送物料通道。

③ 当机组行至工作面两头距巷道 15 m 以内时，严禁在两头作业，以防甩出大块伤人。当拉动端头架、推动转载机、拖拉液压管及电缆时，严禁在两头作业并撤出人员，以防倒柱伤人或其他意外伤人。超前支护工作不能与同一地点其他工作平行作业。

④ 在行人巷行走时必须走两排柱之间，各种电缆液管必须挂在巷帮不低于 2.0 m处，班长、安检员必须经常对两巷的煤帮、顶板情况进行检查，发现安全隐患及时处理；邻近工作面的巷道内材料必须提前工作面 50 m 回收，备品、备件必须码放在工作面 70 m 以外。

6.4 本章小结

(1) 由于 $4^{-2上}$ 煤层在 3^{-2} 煤层房柱式采空区下方，回采时受上方 3^{-2} 煤层采空区煤柱集中压力的影响，故选用波兰 TAGOR 公司生产的工作阻力为 9 323 kN 的二柱式掩护支架，该支架能够满足顶板支护的要求。

(2) 通过 $RFPA^{2D}$ 数值模拟得出，$4^{-2上}$ 煤层开采留设区段煤柱宽度为 16 m，既能确保在 $4^{-2上}$ 煤层回采期间区段煤柱不破坏，又能使煤柱两侧上覆岩层产生的裂隙不贯通。

7 刨煤机与滚筒采煤机开采方案实施效果评价

7.1 开采方案的经济评价

$4^{-2上}$煤组的开采投资可分为直接成本和设备投资，经初步分析发现，两开采方案所发生的直接成本相差不大，故两者直接成本可以统一计算，再结合设备投资便可以从经济角度对比方案优劣。

7.1.1 直接成本估算

（1）测算基础

① 以唐公沟矿 3^{-2}煤层数据为测算基础；

② 商品煤产量采煤机按 120 万 t/a 测算，刨煤机按 100 万 t/a 测算；

③ $4^{-2上}$煤组掘进进尺按 12 000 m 测算。

（2）分项计算

① 材料费

3^{-2}煤 2008 年吨煤费用为 11.91 元/t，而 $4^{-2上}$煤比 3^{-2}煤每米增加帮网费用 300 元，总费用 360 万元，吨煤成本增加 3 元，以 3^{-2}煤发生材料费为基数，$4^{-2上}$煤组材料费用为 11.91 元/t＋3 元/t＝14.91 元/t。

② 电力

总电量为 4 484 kW×330 d×16 h＝23 675 520 kW·h。

电价按 0.481 8 元/(kW·h)计算，同时开机系数按 0.45 计算，则吨煤电费为 23 675 520 kW·h×0.481 8 元/kW·h×0.45÷120 万 t＝4.27 元/t。

③ 人工成本

工资总额为 2 160 万元，吨煤工资为 18 元；各项附加费为 1 468.8 万元，吨煤附加费为 12.24 元；人工成本合计 30.24 元/t。

④ 矿务工程

各矿务工程费用计算如下：

硐室：工程量 2 个，按 3^{-2}煤 2008 年发生额测算，需 100 万元；

混凝土底板：12 000×4.5×0.2×426=460(万元)；

清淤：12 000×4.5×0.2×36.03=38.9(万元)；

垫石子：12 000×4.5×0.1×125=67.5(万元)；

风门：14×4.5×2.75×501=8.68(万元)；

砖密闭：8×4.5×2.75×501=4.96(万元)；

混凝土密闭：22×4.5×2.75×0.37×469=4.72(万元)；

水仓水窝：50×1.5×1.5×1.5×141=2.38(万元)；

水仓水窝清淤：300×12×49=17.6(万元)；

风桥：2×10=20(万元)；

风障：300×95=2.85(万元)

锚索：1.2×15 000×284=511.2(万元)。

费用总计 1 238.8 万元，吨煤成本为 10.32 元。

⑤ 修理费

按 264 万元测算，吨煤成本为 2.2 元。

⑥ 搬家费

按 2 安 2 撤测算，材料费按 380 万元测算，吨煤费用为(603×2+380)/120=13.21(元/t)。

⑦ 生产车辆费

21 428 升/月×12 个月×7 元/升÷120 万 t=1.5 元/t。

⑧ 排矸费

按 30 万元测算，不包括场地费用，吨煤成本为 0.25 元。

⑨ 排污费

按 21.6 万元测算，吨煤成本为 0.18 元。

⑩ 运费及装卸费

按 198 万元测算，吨煤成本为 1.65 元。

⑪ 内部公路费

按 6 万元测算，吨煤成本为 0.05 元。

⑫ 管理费

按 2008 年 3^{-2}煤 3.4 元/t 测算。

以上 12 项成本合计：82.18 元/t。

由以上分析估算，可以得出 $4^{-2上}$煤开采单位成本为 82.18 元/t。

7.1.2 设备投资

(1) 刨煤机投资方案

唐公沟矿采用引进国外核心技术+国产设备的引进方案，与全套引进德国DBT公司刨煤机设备相比可以较大幅度降低投资成本。据资料显示，山西焦煤集团有限责任公司刨煤机自动化生产线采用这一模式，总投资约8 000万元。

(2) 滚筒采煤机方案

随着我国制造业的发展进步，煤炭相关设备生产水平不断提高。唐公沟矿将参考国内中厚偏薄煤层滚筒采煤机工作面设备配套方案，采用全套国产设备的配套方案。据资料显示，济宁矿区、平顶山矿区等中厚偏薄煤层采煤机工作面采用这一模式，总投资约4 000万元。

7.1.3 经济综合评价

唐公沟矿$4^{-2上}$煤采用采煤机方案时，按照年产量120万t/a来看，结合矿井煤炭销售价格，约为120元/t，可以实现年销售额1.44亿元，除去年直接成本9 861.6万元，年纯利润可以达到4 538.4万元，在一年左右时间便可以收回设备投资。而采用刨煤机方案时，按照年产量100万t/a来计算，可以实现年销售额1.2亿元，除去年直接成本8 218万元，其年纯利润可以达到3 782万元，其设备投资可以在两年左右时间收回。从经济评价角度来说，采煤机方案优于刨煤机方案。

7.2 开采方案的技术评价

7.2.1 刨煤机开采技术评价

(1) 刨煤机方案技术优势

① 能够实现工作面自动化和无人化。

② 有利于提高工作面产量。刨煤机运行速度快，刨煤速度达1.76 m/s，刨深为0.11 m，在平均可采高度为1.7m中厚偏薄煤层中，日产量不低于3 000 t，满足采用刨煤机生产能力100万t/a的要求。

③ 有利于提高工作效率。刨煤机、输送机、液压支架可实现自动运行，工作面内不需要人工操作，人员只需进行两端头维护，因此较普通采煤方法节省了许多人力，工效可达50 t/工。在铁法煤业(集团)有限责任公司晓南矿工效达到了140 t/工的极高效率，接近国外先进水平。

④ 有利于工作面顶板管理。刨煤机运行速度快，采用定高开采、浅截深多循环落煤方式，割煤后顶板裸露时间短，顶板压力小，有利于顶板管理。

⑤ 有利于安全生产。刨煤机为静力刨煤，成块率较高，耗能少，而且煤尘生

成量较少。

⑥ 对煤层适应性好。由于刨煤机对煤层厚度适应范围大，割煤时可随着煤层厚度变化而调整，有利于提高煤质，降低洗煤成本。

（2）刨煤机方案影响因素

① 煤的硬度。煤的硬度是影响刨煤机使用效果的一个重要因素。煤质越硬，刨煤机的刨削阻力和横向反力越大，刨头运行稳定性也越差，功率消耗大，刨刀磨损快，设备使用寿命短，刨煤越困难。唐公沟矿 $4^{-2上}$ 煤层 $f=1\sim3$，属于煤质松软煤层，无论使用国产刨煤机还是进口刨煤机都能轻松将煤体刨下。

② 煤层底板。煤层底板对刨煤机开采具有重要的影响。如果底板起伏不平，无论沿煤层走向或倾向不平，对刨煤机的运行和机组的推移都有很大影响，刨煤机会出现啃底、飘刀及刨头运行不稳等情况。底板越硬越平整则对刨煤机越有利。唐公沟矿 $4^{-2上}$ 煤层顶底板整体比较平缓，起伏不大，仅在井田南翼部分可能会有不同程度的底板隆起区域，对刨煤机的运行和机组的推移都有一定影响，但影响不大，刨煤机不会出现啃底、飘刀及刨头运行不稳等情况。

③ 煤层直接顶。刨煤机刨头每次刨深小，顶板暴露面积小，刨煤时引起的顶板下沉量不大，顶板下沉不剧烈，加之刨速快，可使控顶时间缩短，能较好地控制顶板。结合 3^{-2} 煤层的开采情况，直接顶下沉量比较小，对工作面影响不大，对推进速度要求也不高，加之采用进口刨煤机的可能性较大，所以，煤层直接顶对刨煤机使用影响不大。

④ 煤层结构。煤层结构对刨煤机采煤有较大影响。当煤层不黏顶时，刨煤机的高度一般为煤层厚度的 1/3～1/2。如果煤层中有夹矸层，将直接影响到刨头刨煤效果。唐公沟矿 $4^{-2上}$ 煤层煤种属于不黏煤，刨煤效果较好，其煤层结构简单，不含夹矸，无岩浆岩侵入，所以，较适合采用刨煤机。

⑤ 煤层倾角。刨煤机对煤层倾角比较敏感，倾角大时，设备容易下滑。目前刨煤机一般用在 25°以下的煤层较为有利，少数用到倾角 30°以上的煤层。煤层倾角越大，上行刨煤阻力越大，机械故障明显增多。唐公沟矿 $4^{-2上}$ 煤层倾角为 1°～3°，煤层厚度稳定，由北向南有变薄的趋势，但厚度变化不大。因此，倾角对刨煤机不构成威胁。

⑥ 其他影响因素。工作面涌水较大时，会给运输、支护、管理带来困难。高瓦斯矿井使用刨煤机必须设计合理的风量和风速，以便于排放瓦斯和散发热量。自然发火期短的煤层，要使工作面保持一定的推进度和采取防止煤层自然发火的措施，以保证安全。唐公沟矿属于低瓦斯矿井，并且通风系统良好，涌水量小而且无自然发火倾向，所以，从这个角度来说，其条件也是非常适合使用刨煤机的。

(3) 刨煤机开采综合技术评价

根据唐公沟矿 $4^{-2上}$ 煤层的地质条件，$4^{-2上}$ 煤层是非常适合使用刨煤机开采系统进行开采的。首先，该系统能够实现工作面的自动化和无人化，大大提高了工效和矿井的安全高效水平，最大限度地减少了工人劳动强度和伤亡事故率，有利于煤矿的安全生产。其次，能够实现中厚偏薄煤层工作面较高产量水平，大大超过国内中厚偏薄煤层平均产量，使煤炭资源采出率大大提高。而通常影响刨煤机使用情况的不利因素对于 $4^{-2上}$ 煤层来说影响不大，综合评价认为刨煤机使用情况会比较乐观，能达到年产 100 万 t 的水平。

7.2.2 滚筒采煤机开采技术评价

(1) 采煤机方案技术优势

① 煤层硬度。煤层硬度对采煤机系统的使用影响不大，国内滚筒采煤机对煤层硬度的适应范围能够达到 $3 \leqslant f \leqslant 5$。而唐公沟矿 $4^{-2上}$ 煤的硬度范围为 $1 \leqslant f \leqslant 3$，因此，使用采煤机系统进行开采，不存在问题。

② 顶底板条件。煤层顶底板条件对采煤机开采有重要的影响。如果底板起伏不平或者顶板破碎比较严重，都会影响采煤机开机率，直接影响工作面的产量。而唐公沟矿 $4^{-2上}$ 煤顶板条件较好，无严重破碎现象。底板除井田南翼局部底板隆起外，整体情况比较平整，所以，适合采煤机系统进行开采。

③ 工效。相对于炮采的低采出率、高劳动强度、存在一定安全隐患，采煤机系统进行开采不但可以节约人力和费用，而且工作面单产单进效率和工效都有很大的提高。此外，工作面环境得到了明显改善。

(2) 采煤机开采综合技术评价

根据唐公沟矿 $4^{-2上}$ 煤层的地质条件，$4^{-2上}$ 煤层对于采煤机系统的布置是完全没有问题的。与炮采工作面相比，采煤机开采工作面在技术条件和安全性方面都有很大的提高。结合国内各采煤机工作面调研情况，采煤机系统具有较大的技术优势，是国内中厚偏薄煤层普遍采用的一种开采方式，年产量最高能达到 120 万 t。

7.2.3 技术综合评价

刨煤机开采技术相比采煤机开采技术而言，具有以下优点：

(1) 实现了工作面的自动化和无人化。刨煤机采用定量推进方式，以保证固定的刨深，推进量和推进速度均由支架上的电液控制单元进行控制，操作人员只需要通过电脑屏幕对刨煤机进行操纵，能够实现工作面的安全高效。采煤机工作面对于工作面无人化这个目标而言，在近期内是很难实现的。

（2）工作面产量和工效得到提高。刨煤机运行速度快，日产量不低于 3 000 t，年生产能力可以达到 100 万 t。工效能达到 50 t/工，个别工作面达到了 140 t/工的国际先进水平。

（3）安全性能得到提高。刨煤机开采有利于工作面顶板管理，刨煤机运行速度快，采用定高开采和浅截深、多循环落煤方式，割煤后顶板裸露时间短，顶板压力小，有利于顶板管理。

综合考虑经济、技术、安全等方面，唐公沟矿 $4^{-2\text{上}}$ 煤层更适合采用刨煤机进行开采。

7.3 本章小结

（1）采用刨煤机系统进行开采，设备投资约 8 000 万元左右，年产量可以达到 100 万 t 的水平，两年左右可以收回投资，能够实现工作面自动化和无人化，安全性能比较高，人工工效能够达到 100 t/工以上的水平。

（2）采用滚筒采煤机系统进行开采，设备投资约 4 000 万元左右，年产量可以达到 120 万 t 的水平，一年左右可以收回投资，产量和工效相对于炮采、普采工作面要高很多，但和刨煤机工作面相比还有一定的差距，特别是在工人劳动条件和安全性方面。

（3）通过经济和技术比较，刨煤机方案在技术方面明显优于采煤机方案，从经济的角度来说，采煤机方案优于刨煤机方案。

8 自动化开采技术方案

8.1 综合自动化采煤技术综述

8.1.1 国内外自动化开采技术现状

目前，国内外长壁式中厚偏薄煤层开采主要有两种技术途径：① 采用刨煤机、刮板输送机和液压支架的刨煤机综采机组；② 采用滚筒采煤机、刮板输送机和液压支架配套的采煤机机组。英国和美国主要采用滚筒采煤机长壁式开采和连续采煤机房柱式工艺开采薄和中厚偏薄煤层。德国、法国、俄罗斯和比利时等广泛采用刨煤机自动化割煤，尤其是德国研制和使用刨煤机的时间最长，技术水平最高。从各国的使用情况看，两种技术各有特点与适应性。刨煤机综采工艺简单、安全(能够实现无人工作面)、块煤率高，适于开采厚度较薄、硬度较低且地质条件变化不大的煤层；滚筒式采煤机综采对煤层硬度、厚度及地质条件适应能力强。美国 JOY 公司、德国 DBT 公司和 EKF 公司都开发了具有自动化功能的滚筒采煤机，但目前尚未在煤矿生产中成功使用。德国 DBT 公司开发的全自动化无人刨煤机综采工作面成套设备已投入使用。

目前，世界上滚筒采煤机自动化割煤工艺主要有以下两种：

(1) 采煤机尾滚筒随动割煤。该割煤方式需要设置 1 名采煤机操作人员，只操作顶滚筒，尾滚筒根据设定自动割煤。

(2) 采煤机记忆割煤。该割煤方式通过操作人员手动进行示范割煤，采煤机按照示范刀自动记忆割煤，需有操作人员跟机监护运行。

8.1.2 实现综采工作面自动化的途径

要实现一个综采工作面自动化开采，首先液压支架、采煤机应具备自动化功能，其次要解决好工作面采煤机、刮板运输机和液压支架这三种主要设备之间工作信号数据的有效传递，具体如下：

(1) 液压支架采用电液控制系统，具备跟机自动拉架、推移刮板输送机功能。支架控制系统通过红外线发射、接收装置等来获取煤机位置信息，工作面支架根据采煤机运行信息(位置、牵引方向、牵引速度等)按照程序自动完成编组拉架、成组推移刮板输送机等动作。

(2) 采煤机具备记忆或随动割煤功能。所有实现自动化需要的参数，如采高、机身倾斜度、卧底量、位置等关键参数可实现准确测定并精确控制，同时可存储、读取；采煤机、支架运行参数通过工作面输送机机头实时监控，必要时对采煤机、支架行为进行干涉。

(3) 液压支架与采煤机、刮板输送机相互之间进行通信，防止采煤机割支架顶梁或刮板输送机，采煤机速度过快时压死刮板输送机。采煤机切割高度能够随煤层变化而自动调整，并且根据煤层变化自动调整滚筒位置，实现自动割煤；要求采煤机具备记忆或随动割煤功能，实现自动化需要的参数(如采高、机身倾斜度、卧底量、位置等关键参数)准确测定并精确控制。

8.2 1.5～2.0 m煤层自动化开采技术方案

神东矿区首个薄煤层自动化综采工作面44305在榆家梁煤矿建成。该薄煤层自动化综采工作面位于4^{-3}煤东翼，工作面走向长度为3 157 m，采高为1.65 m，切眼长度为300.5 m，储量为1.62 Mt，可采时间为9个月，装备采用进口设备，工作面采出率可以达到98%。

44305工作面于2008年6月15日开始安装，至6月23日安装完毕，7月初开始调试试生产，9月份进入正常生产阶段，能够达到年产300万t的生产能力。

8.2.1 试验综采自动化工作面概况

(1) 工作面自然条件

试验综采自动化工作面为榆家梁煤矿44305工作面，开采4^{-3}煤层，是4^{-3}煤层的首采工作面，位于4^{-3}煤3条大巷南翼。西侧为正在准备的44304工作面，东侧为实体煤，南侧为4^{-3}煤薄基岩区，上部17 m处有44205工作面和44206工作面采空塌陷区。煤层赋存稳定、结构简单，地层为单斜构造，断层不发育，后生裂隙发育，煤层硬度系数$f=3\sim4$。煤层直接顶为泥岩，厚度为1.5 m，基本顶为细砂岩，厚度为11 m。直接底为1.2 m厚的粉砂质泥岩。基岩厚度为12～38 m，覆盖层厚度为85～175 m。工作面回采充水主要为4^{-2}中煤层的上方采空塌陷区老塘积水、4^{-2}煤烧变岩富水及基岩裂隙水，正常涌水量为5 m^3/h，最大涌水量为200 m^3/h。矿井为低瓦斯矿井，煤尘具有爆炸危险性，属于易自燃煤层。工作面长度为300.5 m，推进长度为2 298 m，煤层厚度为1.7～

2.0 m，平均为 1.85 m，设计采高 1.7～2.0 m。煤层倾角为 1°。44305 工作面综合柱状图见图 8-1。

岩石名称及岩性描述	厚度/m	累深/m		柱状
黄土：灰黄色-黄褐色，上部为粉土，黏粒成分较少，柱状节理，局部夹层状钙质结核	85.51	85.51		
细粒砂岩：灰黄色-灰白色，成分以石英为主，长石次之，分选差，次棱角状，泥质及钙质胶结，水平层理，已风化	6.43	91.94		
砂质泥岩：灰黄色，水平层理，夹细砂岩薄层	2.65	94.59		
粉砂岩：深灰色-灰色，见少量植物化石碎片，水平层理	8.06	102.65		
中粒砂岩：灰白色，成分以石英为主，长石次之，含少量岩煤屑，分选中等，次圆状，泥质胶结，斜层理	5.87	108.52		
粉砂岩：灰色，水平层理及微波状层理，含少量云母碎屑，见植物化石碎片，下部夹砂质泥岩薄层	7.47	115.99		
泥岩：灰色，水平层理，含大量植物化石碎片	0.30	116.29		
4^{-2}煤：褐黑色，中条带结构，半暗型，层状	3.70	119.99		
泥岩：深灰色，泥质结构，遇水膨胀变软	3.85	123.84		
细粒砂岩：深灰色，细粒砂质结构，主要成分为石英、长石，云母次之，泥质胶结，中夹岩屑，偶见植物茎叶化石	10.94	134.78		
泥岩：灰黑色，芯软，固结性差	1.46	136.24		
4^{-3}煤：褐黑色，中条带结构，半暗-半亮型煤，裂隙较发育	1.93	138.17		
泥岩：深灰色，泥质结构	1.20	139.37		
粉砂质泥岩	>15			

图 8-1　榆家梁煤矿 44305 工作面综合柱状图

(2) 工作面设备配置

根据 44305 工作面地质赋存条件及建设神东矿区第一个安全高效中厚偏薄煤层自动化工作面的目标，经过多方论证后，决定选用加装了一套远程控制系统的美国 JOY 公司生产的 7LS-1A 滚筒采煤机。考虑到中厚偏薄煤层空间狭窄，有压力显现时支架可能与采煤机或输送机干涉的情况，选用了工作阻力富余系数较大的波兰 TAGOR 公司生产的 1.1/2.2 掩护式液压支架，并配套德国 MARCO 公司支持自动移架功能的 PM32 电液控制系统，主要设备配置情况详见表 8-1。

表 8-1　44305 自动化综采工作面主要设备配置表

设备名称	生产厂家	型号	数量	主要技术参数
采煤机	JOY 公司	7LS-1A	1 台	采高范围为 1.5～3.021 m，生产能力为 2 000 t/h，装机功率为 1 162 kW，截割电机功率为 2×80 kW，牵引电机功率为 2×90 kW，泵电机功率为 2×11 kW。滚筒直径为 1.5 m，截深为 1 000 mm。采用 FACEBOSS 控制，变频牵引技术，牵引速度为 22/32 m/min，具备自动化功能，配置随机成像及远程遥控系统
刮板运输机	JOY 公司	2×1 000 kW	1 台	功率为 2×1 000 kW，电压为 3.3 kV，运输能力为 2 000 t/h，链速为 1.72 m/s，机头、机尾平行布置，采用 TTTF 软起动装置，溜槽内宽为 1 000 mm，链条规格为 ϕ42 mm×128/164 mm
转载机	JOY 公司	375 kW	1 台	铺设长度为 25.75 m，运输能力为 2 500 t/h，链速为 2.18 m/s，装机功率为 375 kW，电压为 1.14 kV，溜槽内宽为 1 350 mm，链条规格为 ϕ38 mm×126 mm，整机高度为 1.6 m
破碎机	JOY 公司	375 kW	1 台	破碎能力为 2 500 t/h，装机功率为 375 kW，电压为 1.14 kV
液压支架	TAGOR 公司	端头支架 1.3/2.6 m	9 台	双柱掩护式，支护高度为 1.1～2.2 m，有效工作阻力为 9 323 kN，初撑力为 7 140 kN，有效推移行程为 1.0 m，支架宽度为 1.75 m，立柱缸径为 380 mm，Marco PM32 控制系统，Marco 主阀和辅助阀
		中间架 1.1/2.2 m	167 台	
乳化液泵	KAMAT 公司	K35055M	4 台	额定流量为 430 L/min，调定压力为 37.5 MPa，电机功率为 4×315 kW，电压为 1.14 kV
喷雾泵	KAMAT 公司	K16065M	3 台	额定流量为 500 L/min，压力为 14.3 MPa，电机功率为 3×160 kW，电压为 1.14 kV

表 8-1(续)

设备名称	生产厂家	型号	数量	主要技术参数
控制开关	常州联力自动化科技有限公司	KJZ/9+5	1台	KJZ/9+5组合开关,控制乳化泵、喷雾泵、转载机、破碎机;KJZ3/6组合开关,控制采煤机、运输机
		KJZ3/6	1台	
带式输送机	西北煤矿机械二厂		1部	运输能力为2 000 t/h,胶带宽度为1.2 m,带速为3.5 m/s,CST软起动装置,电压为1.14 kV,功率为3×375 kW

8.2.2 自动化工作面实施方案研究确定

44305工作面于2008年6月底安装完成后,先后试验了采煤机尾滚筒随动割煤、采煤机记忆割煤、采煤机记忆割煤加有线远程干预3种自动化采煤工艺。

记忆割煤加有线远程干预割煤工艺通过采煤机上的摄像系统对工作面进行远程监视,主要解决工作面内设备和人员的安全问题,并可通过远程干预实时调整采高,适应煤层变化。经过技术研讨和论证,确定在榆家梁煤矿44305工作面采用采煤机记忆割煤加有线远程干预自动化割煤工艺。

尽管44305工作面设备配置比较先进,但在生产过程中也发现了一些不足之处。7LS-1A采煤机和大型采煤机相比,磨损较严重。因为这台采煤机质量较小,振动比较大,接触面不能完全结合,导致磨损较大,如滑行链道很容易磨损。百分之百实现自动化是很难做到的,原因是工作面的条件一直在变化,设备在工作中故障也比较多,需要有人随时进行维护。

8.2.3 44305工作面生产概况

1月18日,榆家梁煤矿薄煤层自动化综采工作面44305工作面割煤16刀,生产原煤12 000 t,创投产以来日产新纪录。

2009年5月27日,神东生产服务中心顺利完成神东矿区首个中厚偏薄煤层工作面——榆家梁煤矿44305综采工作面回撤工作,比计划提前4天完成任务。

薄煤层由于开发难度大,空间小、产量效率低、成本高、安全性能差,一直是制约煤炭企业生产持续发展的难题。此次,神东矿区的薄煤层综采工作面的建成突破了国内薄煤层开采的瓶颈,起到了很好的示范作用。

8.3 本章小结

由榆家梁煤矿 44305 工作面实现综合自动化开采的成功案例，对比 44305 工作面和唐公沟矿 $4^{-2上}$ 煤自然条件，不难发现，两者条件极为相似，可以得出上述自动化开采方案完全适用于 $4^{-2上}$ 煤的开采。

表 8-1 中的自动化综采工作面主要设备属世界级先进水平，可以安全、高效、高采出率地开采薄及中厚偏薄煤层，很好地解决了薄及中厚偏薄煤层工作面空间狭小、人员行走作业困难、安全保障程度低等难题。在资金允许的情况下，使用此套设备是很合适的。

9 主要结论

以唐公沟矿 $4^{-2上}$煤层为研究对象，分析研究了中厚偏薄煤层的开采技术，同时对两种开采方法进行了优缺点分析，进一步比较了采用特定开采方法时的经济效益和社会效益。在中厚偏薄煤层安全高效的前提下，研究和分析了煤厚、煤层硬度、顶底板条件、地质构造、煤层倾角以及瓦斯和水涌出量等因素对采煤方法选择的影响，以唐公沟矿 $4^{-2上}$煤层的实际地质条件为研究基础，提出了该煤层的最优开采方法，并且给出了最优开采方法的初步设计方案。通过研究得出以下主要结论：

(1) 在目前中厚煤层开采比例偏大，中厚偏薄煤层煤炭资源浪费严重的情况下，结合国内薄煤层先进矿井的实践经验，采用机械化、自动化的刨煤机和采煤机系统是解决问题的有效途径之一。对 $4^{-2上}$煤层可刨性分析和滚筒采煤机的适应性分析可知，该煤层的各方面条件均适合两种开采方法的。

(2) $4^{-2上}$煤层厚度为 0.85～3.65 m，平均可采厚度为 1.7 m，对于局部煤厚有变化的区域应根据煤层厚度采取不同的开采方法。在井田中部和南部 1.7 m 及以下煤层中推荐使用刨煤机方式来开采；而在井田北部 1.7 m 以上的煤层当中推荐使用采煤机方式进行开采。

(3) 采完 3^{-2}煤层后直接开采 $4^{-2上}$煤层时，冒落现象不明显，裂缝带高度发育，与 3^{-2}煤层完全沟通，上覆岩层直到地表均受 $4^{-2上}$煤层采动影响而裂隙发育严重，整个上覆岩层均处于裂隙与弯曲下沉共同作用的范围。初次来压步距为 40 m，但是周期来压步距比较小，为 4 m 左右。开采对地表影响较大，地表下沉从 3^{-2}煤层开采时的 20 cm 左右增大到 $4^{-2上}$煤层开采后的 2 m 左右。

(4) 采完 3^{-2}煤层，接着开采 5^{-1}煤层，最后开采 $4^{-2上}$煤层时，由于 3^{-2}煤层和 5^{-1}煤层的采动影响，$4^{-2上}$煤层顶底板裂隙发育程度高，导致开采过程中初次来压和周期来压都很小。开采 5^{-1}煤层后，$4^{-2上}$煤层整体弯曲变形，并且处于裂隙较为发育的区域，开采难度大大增加。因此，上行开采是不可行的，应采完 3^{-2}煤层后，接着开采 $4^{-2上}$煤层，最后开采 5^{-1}煤层。

(5) 3^{-2}煤层与 $4^{-2上}$煤层相距 7.49～21.85 m，间距大于 6 m，所以 $4^{-2上}$煤层中煤巷掘进过程引起 3^{-2}煤层采空区煤柱失稳，而导致顶板大面积垮落冲击底板的冲击载荷不会对煤巷造成巨大冲击影响，不会击穿巷道。$4^{-2上}$煤巷位于采空区及小煤柱下方时，采用 5 根锚杆＋3 根锚索的顶板支护可以有效地控制巷道围岩的变形破坏，但在大煤柱下方时，由于应力集中较严重，需要对巷道两帮打 3 根锚杆加以支护。

(6) 结合国内先进刨煤机工作面设备配套经验，考虑神东煤炭集团公司对煤矿安全高效的原则和采煤工作面配套技术的基本要求，采用德国 DBT 公司型号为 GH9-38Ve/5.7 的刨煤机。刨煤机开采方式可实现工作面自动化和无人化，刨煤机运行速度快，刨煤速度为 1.76 m/s，刨深为 0.11 m，在平均高度为 1.7 m中厚偏薄煤层中，日产量不低于 3 000 t，年生产能力可达到 100 万 t。

(7) 由于$4^{-2上}$煤层在3^{-2}煤层房柱式采空区下方，回采时受上方3^{-2}煤层采空区煤柱集中压力的影响，故选用波兰 TAGOR 公司生产的工作阻力为 9 323 kN 的二柱式掩护支架，该支架能够满足顶板支护的要求。

(8) 通过 $RFPA^{2D}$数值模拟得出，$4^{-2上}$煤层开采留设区段煤柱宽度为 16 m，既能确保在$4^{-2上}$煤层回采期间，区段煤柱不破坏，又能使煤柱两侧上覆岩层产生的裂隙不贯通。考虑采空区煤柱的影响，布置区段巷道时，应尽量避开3^{-2}房柱式采空区煤柱集中应力的影响区域，不应将区段巷道布置在煤柱下方，应布置在采空区下方。

(9) 采用刨煤机系统进行开采，设备投资约 8 000 万元，年产量可以达到 100 万 t 的水平，两年左右可以收回投资，能够实现工作面自动化和无人化，安全性能比较高，人工工效能够达到 100 t/工以上的水平。

(10) 采用滚筒采煤机系统进行开采，设备投资约 4 000 万元，年产量可以达到 120 万 t 的水平，一年左右可以收回投资，产量和工效相对于炮采、普采工作面要高很多，但与刨煤机工作面相比还有一定的差距，特别在工人劳动条件和安全性方面。通过经济和技术比较，可知刨煤机方案在技术方面明显优于采煤机方案；从经济的角度来说，采煤机方案优于刨煤机方案。

参考文献

[1] A. A. 鲍里索夫. 矿山压力原理与计算[M]. 王庆康,译. 北京:煤炭工业出版社,1986.
[2] 白士邦,刘文郁. 旺格维利采煤法在神东矿区的应用[J]. 煤矿开采,2006,11(1):21-23.
[3] 毕锦明,刘占群,纪茂峰,等. 电磁调速电牵引薄煤层采煤机[J]. 煤炭科学技术,2002,30(3):38-41.
[4] 常西坤. 村庄下大倾角煤层条带煤柱合理尺寸研究[D]. 青岛:山东科技大学,2007.
[5] 陈忠良,刘帆,张连昆,等. 我国薄煤层综采技术的发展及其适应性和应用特点[J]. 山东煤炭科技,2011(1):151-152.
[6] 成大先. 机械设计手册(第三卷)[M]. 北京:化学工业出版社,2002.
[7] 董涛. 我国薄煤层采煤工艺现状及发展趋势[J]. 煤矿安全,2012,43(5):147-149.
[8] 范钢伟,张东升,马立强. 神东矿区浅埋煤层开采覆岩移动与裂隙分布特征[J]. 中国矿业大学学报,2011,40(2):196-201.
[9] 高建强. 采煤机螺旋滚筒的优化设计[J]. 机械工程与自动化,2004(1):67-69.
[10] 高魁东. 薄煤层滚筒采煤机装煤性能研究[D]. 徐州:中国矿业大学,2014.
[11] 郭玉辉,王赟. 浅谈薄煤层开采技术现状与发展趋势[J]. 煤矿开采,2012,17(1):1-2.
[12] 韩承强,张开智,徐小兵,等. 区段小煤柱破坏规律及合理尺寸研究[J]. 采矿与安全工程学报,2007,24(3):370-373.
[13] 韩承强. 不同宽度区段煤柱巷道围岩结构及变形机理研究[D]. 青岛:山东科技大学,2007.
[14] 贺广零,黎都春,翟志文,等. 采空区煤柱-顶板系统失稳的力学分析[J]. 煤炭学报,2007,32(9):897-901.
[15] 侯志鹰,王家臣. 大同矿区"三硬"条件地表沉陷数值模拟[J]. 煤炭学报,

2007,32(3):235-238.
[16] 华元钦.刨煤机是解决我国薄煤层开采的有效途径[J].煤矿机电,2004(5):25-29.
[17] 黄庆享,韩金博.浅埋近距离煤层开采裂隙演化机理研究[J].采矿与安全工程学报,2019,36(4):706-711.
[18] 黄庆享,胡火明,刘玉卫,等.浅埋煤层工作面液压支架工作阻力的确定[J].采矿与安全工程学报,2009,26(3):304-307.
[19] 黄庆享,刘玉卫.巷道围岩支护的极限自稳平衡拱理论[J].采矿与安全工程学报,2014,31(3):354-358.
[20] 黄庆享.浅埋煤层保水开采岩层控制研究[J].煤炭学报,2017,42(1):50-55.
[21] 黄锐,邱亮亮,刘宁宁.我国薄煤层开采及刨煤机采煤技术的应用[J].煤炭技术,2009,28(5):3-5.
[22] 贾喜荣.矿山岩层力学[M].北京:煤炭工业出版社,1997.
[23] 贾悦谦.我国煤矿开采技术[J].煤炭科学技术,1981,9(4):12-17.
[24] 康红普,徐刚,王彪谋,等.我国煤炭开采与岩层控制技术发展 40 a 及展望[J].采矿与岩层控制工程学报,2019,1(2):7-39.
[25] 康晓敏,李贵轩.随机动载荷作用下刨煤机刨链疲劳寿命预测[J].煤炭学报,2010,35(3):503-508.
[26] 康晓敏.刨煤机动力学分析及对刨链可靠性影响的研究[D].阜新:辽宁工程技术大学,2009.
[27] 李春卉,赵宏珠.改革开放 30 a 综采、综掘设备发展令人瞩目[J].煤矿机械,2010,31(3):1-4.
[28] 李光煜,赵荣,张春祥,等.我国采煤机的发展与前景[J].煤炭技术,2001,20(2):3-5.
[29] 李建平,杜长龙,张永忠.我国薄与极薄煤层开采设备的现状和发展趋势[J].煤炭科学技术,2005,33(6):65-67.
[30] 李明忠.中厚煤层智能化工作面无人高效开采关键技术研究与应用[J].煤矿开采,2016,21(3):31-35.
[31] 李玉模.刨煤机成功应用的关键技术[J].山西焦煤科技,2008,32(5):27-28.
[32] 梁洪光.薄煤层综采技术发展现状[J].煤矿开采,2009,14(1):9-11.
[33] 刘栋.极薄煤层和薄煤层的采煤工艺[J].煤炭技术,2008,27(6):66-67.
[34] 刘法根,谢康兴.薄煤层机械化开采新技术[J].煤炭技术,2010,29(11):50-51.

[35] 刘俊利,赵豪杰,李长有.基于采煤机滚筒截割振动特性的煤岩识别方法[J].煤炭科学技术,2013,41(10):93-95.

[36] 刘送永,杜长龙,崔新霞.采煤机滚筒截齿排列的试验研究[J].中南大学学报(自然科学版),2009,40(5):1281-1287.

[37] 刘送永.采煤机滚筒截割性能及截割系统动力学研究[D].徐州:中国矿业大学,2009.

[38] 刘洋.长壁留煤柱支撑法开采煤柱优化设计及破坏的可监测性研究[D].西安:西安科技大学,2006.

[39] 刘占胜,马英.国内外刨煤机发展状况及前景展望[J].煤矿机械,2006,27(10):1-3.

[40] 罗恩波.国内外液压支架现状及我国的发展趋势[J].煤矿机电,2000(3):27-29.

[41] 罗文,杨俊彩.神东矿区薄煤层安全高效开采技术研究[J].煤炭科学技术,2020,48(3):68-74.

[42] 马红光.采煤机螺旋滚筒的改进设计[J].矿山机械,2003,31(5):10-11.

[43] 毛德兵,蓝航,徐刚.我国薄煤层综合机械化开采技术现状及其新进展[J].煤矿开采,2011,16(3):11-14.

[44] 煤炭科学研究院北京开采研究所.煤矿地表移动与覆岩破坏规律及其应用[M].北京:煤炭工业出版社,1981.

[45] 门迎春,王泽普,关树强.振兴我国煤炭装备制造业的重要性和紧迫性[J].煤炭经济研究,2003,23(10):4-9.

[46] 缪协兴,陈荣华,浦海,等.采场覆岩厚关键层破断与冒落规律分析[J].岩石力学与工程学报,2005,24(8):1289-1295.

[47] 缪协兴,钱鸣高.采动岩体的关键层理论研究新进展[J].中国矿业大学学报,2000,29(1):25-30.

[48] 彭海兵,李瑞群.旺格维利采煤法合理煤柱尺寸研究[J].煤炭工程,2009(1):5-7.

[49] 钱鸣高,李鸿昌,胡德礼,等.采煤方法[M].北京:煤炭工业出版社,1986.

[50] 钱鸣高,刘听成.矿山压力及其控制(修订本)[M].北京:煤炭工业出版社,1991.

[51] 钱鸣高,缪协兴,许家林,等.岩层控制的关键层理论[M].徐州:中国矿业大学出版社,2000.

[52] 钱鸣高,缪协兴,许家林.岩层控制中的关键层理论研究[J].煤炭学报,1996,21(3):2-7.

[53] 钱鸣高,缪协兴.采场上覆岩层结构的形态与受力分析[J].岩石力学与工程学报,1995,14(2):97-106.
[54] 乔红兵,吴淼,胡登高.薄煤层开采综合机械化技术现状及发展[J].煤炭科学技术,2006,34(2):1-5.
[55] 邱锦波.滚筒采煤机自动化与智能化控制技术发展及应用[J].煤炭科学技术,2013,41(11):10-13.
[56] 任洪涛.国内外采煤机螺旋滚筒研究现状[J].山西焦煤科技,2008,32(增刊1):63-64.
[57] 任天培,彭定邦,郑秀英,等.水文地质学[M].北京:地质出版社,1986.
[58] 芮冰,黄钦宗.我国采煤机 30 年发展回顾和展望[J].煤矿机电,2000(5):36-40.
[59] 邵柏库.应用刨煤机技术实现薄煤层的高产高效[J].煤矿机电,2005(1):1-4.
[60] 盛国军,孙启生,宋华岭.薄煤层综采的综合创新技术[J].煤炭学报,2007,32(3):230-234.
[61] 石建军,丛利,王言剑.浅埋深中厚煤层采场矿压显现规律研究[J].华北科技学院学报,2010,7(2):31-34.
[62] 时召,王磊,韩君.MGD100-B 型薄煤层采煤机的研制[J].煤矿机械,2000,21(4):37.
[63] 孙忠义.电牵引采煤机的研制、使用及发展前景[J].煤矿机电,2000(5):20-22.
[64] 谭学术.矿井复杂动力现象研究[M].重庆:重庆大学出版社,1992.
[65] 涂敏,桂和荣,李明好,等.厚松散层及超薄覆岩厚煤层防水煤柱开采试验研究[J].岩石力学与工程学报,2004,23(20):3494-3497.
[66] 王国法,范京道,徐亚军,等.煤炭智能化开采关键技术创新进展与展望[J].工矿自动化,2018,44(2):5-12.
[67] 王国法,刘峰,孟祥军,等.煤矿智能化(初级阶段)研究与实践[J].煤炭科学技术,2019,47(8):1-36.
[68] 王国法,庞义辉,任怀伟,等.煤炭安全高效综采理论、技术与装备的创新和实践[J].煤炭学报,2018,43(4):903-913.
[69] 王国法,庞义辉.液压支架与围岩耦合关系及应用[J].煤炭学报,2015,40(1):30-34.
[70] 王国法,张德生.煤炭智能化综采技术创新实践与发展展望[J].中国矿业大学学报,2018,47(3):459-467.

[71] 王国法."十二五"煤矿开采装备技术的发展展望[J].煤矿开采,2011,16(3):19-24.

[72] 王虹.我国综合机械化掘进技术发展40a[J].煤炭学报,2010,35(11):1815-1820.

[73] 王金华,黄乐亭,李首滨,等.综采工作面智能化技术与装备的发展[J].煤炭学报,2014,39(8):1418-1423.

[74] 王金华.煤炭科技发展现状及前瞻[J].煤炭企业管理,2004(1):31-34.

[75] 王连国,缪协兴.煤柱失稳的突变学特征研究[J].中国矿业大学学报,2007,36(1):7-11.

[76] 王选泽.液压支架技术体系研究与实践[J].科技传播,2013,5(22):186.

[77] 王振乾.我国极薄煤层采煤机的技术现状与发展[J].煤矿机电,2010(2):35-37.

[78] 毋保中.中马村矿25011工作面上行式开采的实践[J].中州煤炭,2003(3):30-19.

[79] 谢和平,王金华,申宝宏,等.煤炭开采新理念:科学开采与科学产能[J].煤炭学报,2012,37(7):1069-1079.

[80] 徐宏杰.贵州省薄-中厚煤层群煤层气开发地质理论与技术[D].徐州:中国矿业大学,2012.

[81] 徐建军.薄-中厚煤层综采面自动化开采技术研究与实践[J].煤炭科学技术,2014,42(9):35-39.

[82] 徐小粤.采煤机械的技术现状与发展趋势[J].中州煤炭,2005(4):15-16.

[83] 许家林,钱鸣高,金宏伟.岩层移动离层演化规律及其应用研究[J].岩土工程学报,2004,26(5):632-636.

[84] 许家林,钱鸣高.覆岩关键层位置的判别方法[J].中国矿业大学学报,2000,29(5):463-468.

[85] 许家林,钱鸣高.关键层运动对覆岩及地表移动影响的研究[J].煤炭学报,2000,25(2):122-126.

[86] 许家林,朱卫兵,鞠金峰.浅埋煤层开采压架类型[J].煤炭学报,2014,39(8):1625-1634.

[87] 许家林,朱卫兵,王晓振,等.浅埋煤层覆岩关键层结构分类[J].煤炭学报,2009,34(7):865-870.

[88] 许家林.岩层移动与控制的关键层理论及其应用[D].徐州:中国矿业大学,1999.

[89] 许明福,王保祥.凯南麦特采煤机滚筒的应用及经济效益分析[J].煤炭科

技,2003(4):12-14.

[90] 宣以琼.薄基岩浅埋煤层覆岩破坏移动演化规律研究[J].岩土力学,2008,29(2):512-516.

[91] 颜荣贵.地基开采沉陷及其地表建筑[M].北京:冶金工业出版社,1995.

[92] 杨景才,王继生,李全生.神东矿区 1.5～2.0 m 煤层自动化开采技术方案研究[J].神华科技,2009,7(2):13-16.

[93] 杨培举,常兴民,胡学军,等.中厚煤层高产高效综采面矿压规律及支架承载特征[J].矿山压力与顶板管理,2003,20(3):67-69.

[94] 伊茂森.神东矿区浅埋煤层关键层理论及其应用研究[D].徐州:中国矿业大学,2008.

[95] 于文景,李富群.现代化煤矿采煤新工艺、新技术与新标准实用全书(第二册)[M].北京:当代中国音像出版社,2003.

[96] 张国华,张雪峰,蒲文龙,等.中厚煤层区段煤柱留设宽度理论确定[J].西安科技大学学报,2009,29(5):521-526.

[97] 张良,李首滨,黄曾华,等.煤矿综采工作面无人化开采的内涵与实现[J].煤炭科学技术,2014,42(9):26-29.

[98] 张世洪,何敬德,管亚平.电牵引采煤机的技术现状和发展趋势[J].煤矿机电,2000(5):40-45.

[99] 张世洪.我国综采采煤机技术的创新研究[J].煤炭学报,2010,35(11):1898-1902.

[100] 张欣,张枢.薄煤层采煤机的发展状况及趋势[J].煤矿机械,2002,23(6):7-8.

[101] 章立强,黄国旺.MG100/238-WD 型薄煤层电牵引采煤机的研制[J].煤矿机电,2007(3):11-12.

[102] 赵丽娟,何景强,李发泉.刨煤机刨刀破煤过程的数值模拟[J].煤炭学报,2012,37(5):878-883.

[103] 赵丽娟,马联伟.薄煤层采煤机可靠性分析与疲劳寿命预测[J].煤炭学报,2013,38(7):1287-1292.

[104] 赵学社.煤矿高效掘进技术现状与发展趋势[J].煤炭科学技术,2007,35(4):1-10.

[105] 致美兰.薄煤层电牵引滚筒采煤机技术发展状况[J].煤炭技术,2004,23(12):3-5.

[106] 朱卫兵.浅埋近距离煤层重复采动关键层结构失稳机理研究[D].徐州:中国矿业大学,2010.